KB041035

당신이 잘 안다고 착각하는

허 찌르는 수학 이야기

[박영훈의 느린수학]

당신이 잘 안다고 착각하는

허 찌르는 수학 이야기

어른들을 위한 초등수학

• 박영훈 지음 •

라의눈

★ 머리말 ★

이 책을 선택한 당신에게

어쩌다 어른이 되었음을 알게 된 어느 날. 그동안 까맣게 잊고 지냈던 다락방이 나를 이끌었습니다. 먼지가 수북하게 쌓여 있는 작은 상자가 마치 나를 부르기나 한 듯, 그 안에서 어린 시절 그토록 열심히 탐독했던 동화책들이 꼭꼭 숨어 있다가 나를 반겼습니다.

지그시 눈을 감으니, 내 몸이 점점 가벼워져 둥둥 떠서는『피터 팬』과 함께 하늘을 납니다. 더는 나이를 먹지 않았으면 하는 바람과 함께.

미국 남부 미주리의 작은 마을 피터즈버그로 날아가 익살꾸러기『톰 소여』를 만납니다. 그의 짓궂은 장난에 웃음을 머금고 어른을 골탕 먹이는 것이 얼마나 통쾌한 일인지 새삼 느껴봅니다.

『걸리버』가 여행한 나라들을 떠올려 봅니다. 그의 이야기가 바로 지금 이 시대 이

땅에서 벌어지는 일부 정치꾼들과 사이비 지식인들의 행태에 관한 것임을 깨닫게 되니 잠시 마음이 먹먹하고 우울해지는군요.

『이솝 우화』는 그런 우울함을 단번에 날려줍니다. 북쪽의 차가운 바람이 더 세게 몰아칠수록 우울함으로 뒤덮인 내 몸은 계속 움츠러들었지만, 어느 순간 한 줄기 따뜻한 햇살이 비추더니 태양이 환하게 떠오르며 언제 그랬냐는 듯 침울하고 막막했던 마음이 눈 녹듯 사라집니다.

겉표지가 너덜너덜해질 정도로 해져 있었지만, 어린 시절 나와 함께한 동화 속에는 아직도 내가 흠모하는 영웅들과, 영원히 나의 곁을 지켜줄 친구들이 살아 있습니다. 그들은 지금도 여전히 나와 함께 있답니다. 알게 모르게 나 스스로 지금까지 그 영웅들과 그 친구들의 눈으로 세상을 바라보며 나의 삶을 살아왔다는 사실을 새삼 깨닫게 됩니다.

사실 『이솝 우화』는 원래 어린이를 위한 동화가 아니었습니다. 농민이나 상인과 같은 평범한 고대 그리스인의 삶이 약육강식의 동물의 세계와 별로 다르지 않다는, 냉혹한 현실 세계를 동물들의 이야기로 적나라하게 풍자한 작품입니다. 이를 어린이에게 맞추어 각색, 편집하여 동화책으로 꾸민 것이 바로 『이솝 우화』입니다.

『걸리버 여행기』도 원래는 당시 영국 상황을 풍자한 소설이었습니다. '백설공주', '라푼젤', '헨젤과 그레텔'이 수록된 『그림 형제의 동화』도 원래는 전해 내려오는 민담을 어린이들에게 맞추어 각색하여 다시 쓴 작품입니다.

초등학교 수학도 『이솝 우화』나 『걸리버 여행기』와 마찬가지로 원래 어른들의 수학을 아이들의 수준에 맞추어 각색하고 편집한 것입니다. 이 책의 첫 장을 들추자마자 곧 알게 되겠지만, 초등학교만 다녀도 누구나 쉽게 할 수 있는 곱셈과 나눗셈도 불과 500~600년 전만 해도 영국이나 독일 사람이 이탈리아로 유학을 떠나야 배울 수 있었으니까요.

그렇게 세상에 모습을 드러낸 '초등학교 수학'이 원래 수학의 모습과는 상당한 차이를 보일 수밖에 없었던 것은 어찌 보면 당연합니다. 결국 초등수학은 문제 풀이, 특히 계산 문제의 답을 구하는 기능적인 측면에만 초점을 두게 되었습니다. 그리고 학습자인 어린이 수준에 맞춘다고 수학적 내용을 고립화하고 단순화하였습니다. 그 결과 각각의 내용이 분리되어 단절된 채 제공된 초등수학은 '이것이 과연 원래 수학의 모습일까'라는 의구심을 낳기에 충분했습니다.

더군다나 그와 같은 변형의 배경에는 어린이에 대한 오해와 편견도 한몫 차지합니다. 어린이는 생각하는 것이 익숙하지 않은 존재이며 따라서 주어진 것을 그대로 받아들이는 수동적인 존재라는 관점입니다. 하지만 현대의 인지 심리학을 굳이 거론하지 않아도, 노벨 문학상을 받은 아일랜드 시인 예이츠가 남긴 "교육은 양동이를 채우는 것이 아니라 불을 지피는 것이다"라는 말을 새삼 떠올리지 않아도, 오늘날 이러한 관점에 맞장구칠 사람은 거의 없다는 것을 우리는 잘 압니다. 그렇게 초등학교 수학은 원래 수학의 모습으로부터 상당히 일그러진 채 오래도록 이어져 왔습니다.

어른이 된 지금, 이제야 초등수학의 참모습을 들여다봅니다. 단절된 부분을 잇고 지나친 단순화의 베일을 걷어냅니다. 먼저 자연수와 사칙연산을 새로운 관점에서 살펴봅니다. 이 책은 덧셈, 뺄셈, 곱셈, 나눗셈의 답을 구할 수는 있지만 정작 그 안에 깊이 스며들어 있는 수학적 원리와 의미는 제대로 배울 기회가 없었던 당신을 위한 책입니다.

이미 잘 안다고 여겼던 그래서 무심코 지나쳤던 자연수와 사칙연산의 새로운 모습이 마치 범인을 찾아가는 미스터리 소설처럼 천천히 드러납니다. 그와 동시에 당신의 지적 호기심에 발동이 걸리며, 몰랐던 것을 알아가는 재미에 푹 빠져듭니다.

그때쯤 당신은 초등학교 수학이 결코 만만찮다는 사실을 알게 됩니다. 우선 우리가 첫 번째로 다루는 아라비아 숫자 표기가 얼마나 위대한 인류의 발명품인지 새삼 놀라움을 줍니다. 오늘날 아라비아 숫자가 널리 사용되기까지 힘겹고 치열한 힘겨루기의 과정을 함께 지켜보며 인류 역사의 한 단면을 엿볼 수도 있습니다. 아라비아 숫자를 이용한 자연수 표기는 중 · 고등학교에서 배우는 다항식의 특수한 사례임을 어렴풋이 느낄 수도 있습니다.

이어서 펼쳐지는 자연수 사칙연산 또한 중학수학에서 확장되는 정수와 유리수 사칙연산의 토대가 되는 반석입니다. 따라서 계산의 답을 구하는 절차보다는 각 연산의 의미가 무엇이며 왜 그런 절차를 밟아야 답을 얻을 수 있는가에 초점을 두어야 합니다. 그럼으로써 음수까지 확장된 연산에서 언뜻 직관에 어긋나는 것처럼 보이는 '음수 빼기는 양수 더하기와 같다'는 사실도 실은 자연수 뺄셈 원리로부터 자연스럽게 추론된 결과라는 것을 이해할 수 있습니다.

이어지는 자연수 곱셈, 특히 곱셈구구에서는 수학 탐구의 전형을 만끽할 수 있는데, 그 핵심은 패턴의 발견입니다. 패턴의 발견으로 초등수학의 곱셈구구를 바라보면 이를 암기하기 위해 쓸데없는 헛수고를 하였음을 깨닫게 됩니다. 그리고 이는 중고등학교에서 배우는 곱셈공식과 인수분해와도 연계됩니다.

만약 당신이 어린시절 나눗셈이 어려워 힘겨웠다면, 나눗셈이 왜 그토록 어려웠는지 그 까닭도 이해할 수 있습니다. 나눗셈 자체가 난해하기 때문도 아니고, 당신의 능력 부족 탓도 아닙니다. 앞서 배운 덧셈, 뺄셈, 곱셈과는 전혀 다른 방식으로 나눗셈을 잘못 제시한 어른들 탓임을 확인할 수 있습니다. 각색하고 편집하는 과정에서 원래의 이야기로부터 동떨어지게 변질된 동화와 같다고나 할까요. 새로이 복원된 원래의 나눗셈을 마지막 부분에서 확인할 수 있습니다.

그래서 어쩌면 당신은 이 책을 읽으며 지금까지 수학을 잘못 이해하고 있었다는 자괴감이 들 수도 있습니다. 만일 그렇다면 똑같은 오해와 실수를 우리의 아이들에게 물려줄 수는 없다는 생각도 당연히 들 수밖에 없겠죠.

어쩌면 당신은 잃어버린 수학을 다시 만나 가슴이 뛸지도 모릅니다. 만약 그렇다면, 그래서 뒷 이야기가 궁금해진다면 다음에는 분수로 더 나아가봅시다. 호응이 계속된다면 아마도 고등학교 수학까지 이어질 수도 있습니다.

이 책을 통해 그토록 많은 시간과 노력을 기울여 힘들게 씨름했던 수학 공부를 왜 해야만 했는지 그 궁금증도 조금씩 함께 풀어가기를 기대합니다. 물론 단순히 시험 준비만을 위한 것이 아니라는 점은 분명합니다. 수학은 우리 인간에게 어떤 특성이 잠재되어 있으며 오늘날 세계의 문명이 어떻게 이루어졌는가를 깨닫게 하는 원동력이라는 사실을 이 책에서 깨달을 수 있다면 더할 나위 없겠죠. 그러면 수학도 인문학과 다르지 않음을 알 수 있습니다.

그 옛날, 아주 어렸을 때처럼 0, 1, 2, 3부터 시작합니다!

ps. 만약 당신에게 유아 또는 초등학생 자녀가 있다면, 어린이 수학자의 길을 걸을 수 있도록 안내자가 되어보세요.

차 례

곱셈의 두 얼굴

06

여러 얼굴의 나눗셈

어른들을 위한 초등수학

01

전 세계 사람들이 가장 많이 사용하는 기호

01

왜 수학은 아라비아 숫자부터 배울까?

세계 어느 곳을 가더라도 '0, 1, 2, 3, 4, …, 8, 9'라는 숫자가 눈에 들어옵니다. 낯선 나라 공항에서 우리를 맞이하는 안내판의 문자는, 이방인의 눈에는 도무지 뜻을 알 수 없는 암호와도 같습니다. 그러나 그 괴상하게 생긴 문자들 사이로 보이는 숫자만큼은 모두 똑같아서 그나마 안도감을 줍니다.

다양한 피부색의 온갖 인종들이 뒤섞여 북적거리는 뉴욕 맨해튼 한복판에서도, 하얗게 눈으로 덮인 히말라야의 안나푸르나 트래킹 길에서도, 예수 그리스도의 제자 야고보가 복음을 전하려 걸었다는 산티아고 순례길에서도, 우리는 똑같은 아라비아 숫자를 만납니다. 그래서 브로드웨이 몇 번가에 있는지 길을 찾을 수 있고, 순례길을 걸으며 숙소까지 얼마나 더 가야 하는지 속도를 조절할 수도 있습니다.

이 모든 것이 아라비아 숫자 덕분입니다. 전 세계 사람들이 똑같은 숫자 표기를

두바이 국제공항터미널

공유하고 사용한다는 사실이 새삼 놀랍고도 신기합니다.

그러고 보면 언어와 국적이 달라도, 피부색과 인종이 달라도 남녀노소 누구나 공유하고 소통할 수 있는 표기 수단으로 아라비아 숫자만 한 것이 또 있을까요? 그래서 어쩌면 초중고 12년간 배우게 될 수학의 첫 수업을 아라비아 숫자로부터 시작하는 것은 당연한 일인지도 모릅니다.

어렴풋하게나마 기억하나요? 우리 모두는 초등학교 첫 수학수업 시간에 조그마한 손으로 잘 잡히지도 않던 연필을 잡고, 힘주어 꾹꾹 눌러가며 미리 그려진 점선을 따라 숫자를 써내려갔죠. 0, 1, 2, …, 9. 사실 그때는 숫자를 썼다기보다는 '그렸다'고 하는 것이 더 적절한 표현일 겁니다. 아마 이런 장면은 전 세계 사람들의 공통적인 경험이라 해도 틀리지 않을 것입니다.

그런데 가만히 따져보면, 아라비아 숫자뿐 아니라 수학 과목 자체가 세계 모든

2015년 개정 수학교과서 1-1, 12쪽 그림

학교의 필수과목으로 정해져 있습니다. 나라마다 학교 교육과정이 모두 다른데, 왜 오직 수학만은 전 세계의 공통 필수과목이며, 가장 먼저 아라비아 숫자를 배우는 걸까요?

분명 나름의 이유가 있을 겁니다. 그 이유는 우리가 왜 그토록 오랫동안 수학공부에 매진해야 했는지, 그래서 나의 삶에 어떤 의미가 있는지와 연결됩니다. 또한 우리 아이들이 '무작정 따라하는 수학'이 아니라, 수학 교육과정에 담긴 '의미와 맥락을 이해하는 수학'을 배워야 하는 이유이자, 이 책을 집필하는 의도이기도 합니다.

이제 우리가 배워서 알고 있다고 여기는 (하지만 몰랐던) 수학의 얼굴을 들여다봅시다. 먼저 아라비아 숫자가 어떻게 전 세계 사람들이 공통적으로 사용하는 숫자로 자리 잡게 되었는지 그 전후 사정부터 차분히 살펴보도록 합시다.

02

단 열 개의 기호로 모든 수를 나타내다

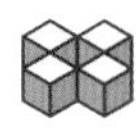

“문자는 목소리의 그림이다.”

18세기 반정부, 반체제 인사로 수차례 투옥되면서도 비판적 정신을 꿋꿋하게 지켰던 프랑스 계몽주의 작가 볼테르는 문자를 이렇게 표현했습니다. 입에서 발화되는 목소리가 문자에 의해 시각화되어 그림처럼 기록되고 보존된다는 점에서, 문자의 이미지성을 강조하는 데 이보다 더 간결한 비유는 없으리라 봅니다.

볼테르

숫자도 마찬가지입니다. 다만 숫자는 수에 대한 관념을 형상화한 것입니다. 그래서 볼테르의 비유를 따라 숫자를 다음과 같이 표현해볼 수 있습니다.

"숫자는 수 관념에 입혀놓은 의상이다."

사람마다 즐겨 입는 의상이 다르듯, 나라마다 각기 다른 문자가 존재하듯 수 개념을 표기하는 방식 또한 다양하며, 그에 따라 여러 가지 숫자 표기가 발명되었습니다. 대략 13세기 말까지 유럽에서는 수 개념을 표현하기 위해 로마 숫자를 사용하였습니다.

Ⅰ(1), Ⅱ(2), Ⅲ(3), Ⅳ(4), Ⅴ(5), Ⅵ(6), Ⅶ(7), Ⅷ(8), Ⅸ(9), Ⅹ(10), L(50), C(100), D(500), M(1000), …

오늘날에도 로마 숫자는 아날로그시계 글자판이나 숫자를 특별하게 표기할 때 사용합니다(ex. XⅦ세기, 제 Ⅳ장). 로마 숫자 표기법의 특징은 십(10)의 단위가 아니라, 오(5)를 단위로 하는 '오진법'의 수 체계를 사용하고 있다는 것입니다. 즉, 기본이 되는 숫자가 Ⅰ(1), Ⅴ(5), Ⅹ(10), L(50), C(100), D(500)…입니다. 그래서 4는 Ⅴ의 왼쪽에 Ⅰ을 배치하여 5보다 하나 더 작은 수(Ⅳ)임을 나타내고, 6은 Ⅴ의 오른쪽에 Ⅰ을 배치하여 5보다 하나 더 큰 수(Ⅵ)임을 표시합니다. 같은 원리에 따라 9와 11도 각각 Ⅸ와 XI로 표기합니다. 따라서 더 큰 수를 나타내기 위해 계속해서 C(100), D(500), M(1000)…과 같은 새로운 기호들을 만들 수밖에 없었습니다.

아날로그시계

한편, 한자어권에 속하는 중국과 동아시아 여러 나라들에서는 다음과 같이 한자를 사용하여 숫

자를 표기하였습니다.

一, 二, 三, 四, 五, 六, 七, 八, 九, 十, 百, 千, 萬, …

로마 숫자와 달리 十, 百, 千, 萬을 기본 숫자로 하는 십진법 체계입니다. 하지만 더 큰 수를 나타내기 위해서는 새로운 한자들이 계속 필요하다는 점은 로마 숫자와 같습니다.

이외에도 고대 이집트, 바빌로니아, 멕시코의 마야 문명권 등에서도 수량을 나타내기 위해 각기 자신들만의 독특한 숫자를 만들어 사용했습니다. 이로 미루어볼 때 숫자의 발명은 고대 문명권의 탄생과 밀접한 관련이 있음을 알 수 있습니다.

이집트의 숫자 상형문자(출처 : Wikipedia.org)

값	숫자 상형문자	상형문자 의미
1 =		한 줄(막대기)
10 =		뒷꿈치 뼈
100 =		밧줄 한 다발
1,000 =		수련
10,000 =		구부린 손가락
100,000 =		올챙이 또는 개구리
1,000,000 =		너무 놀라 양팔을 든 사람

메소포타미아 숫자

1		11		21	
2		12		22	
3		13		23	
4		14		24	
5		15		25	
6		16		26	
7		17		27	
8		18		28	
9		19		29	
10		20		30	

현재 아라비아 숫자	0	1	2	3	4	5	6	7	8	9
동부 아라비아 숫자	٠	١	٢	٣	٤	٥	٦	٧	٨	٩
페르시아 아라비아 숫자	۰	۱	۲	۳	۴	۵	۶	۷	۸	۹
힌두 숫자	०	१	२	३	४	५	६	७	८	९

그런데 지금으로부터 약 1600년 전인 5세기경, 인도에서 어느 이름 모를 천재가 숫자 '0'을 발명합니다. 0이라는 숫자 표기는 그전까지 아무도 생각하지 못했던, 인류 지성사에 획을 긋는 역사적 발명이었습니다.

'아무것도 없음'을 기호 0으로 표기하는 것이 뭐 그리 대단할까 의구심이 들 수 있지만, 0이 없다면 102와 12를 구분할 수도 없고 1, 10, 100, 1000과 같은 표기도 불가능합니다. 숫자 0 덕분에 아무리 큰 자연수도 0부터 9까지, 단 열 개의 기호로 나타낼 수 있게 된 것입니다. 정말 놀라운 발명이 아닐 수 없습니다.

이 표기법이 '아라비아 숫자'라는 이름으로 오늘날과 같이 사용되기까지는 참 오랜 시간이 흘러야만 했습니다. 인도에서 시작되어 아라비아를 거쳐 유럽으로 전파된 것은 약 천년의 세월이 흐른 뒤였으니까요. 13~4세기경 유럽에서 오늘날의 0, 1, 2, …, 9의 형태로 표기되고 있었다는 사실은 1440년경 인쇄술을 발명한 구텐베르크의 활자에서 확인할 수 있습니다.

십진법의 체계를 따르는 아라비아 숫자가 다른 숫자들에 비해 가장 뛰어난 특징을 꼽으라면 '경제성'을 들 수 있습니다. 예를 들어 777을 표기하기 위해 아라비아 숫자는 단 하나의 숫자 7만 필요하지만, 다른 숫자 표기에서는 여러 개의 기호를 사용해야 합니다.

• **아라비아 숫자** : 777

• **로마 숫자** : DCCLXXVII (D: 500, C: 100, L:50, X:10, V:5, I:1)

• **한자 숫자** : 七百七十七

이처럼 타의 추종을 불허하는 아라비아 숫자의 단순함은 '위치기수법'이라는 특성에서 비롯된 것입니다. 위치기수법이란, 같은 숫자임에도 놓여 있는 위치에 따라 다른 값을 가지는 표기법을 말합니다. 777을 예로 들면, 가장 왼쪽의 7은 700을, 가장 오른쪽의 7은 7을 나타냅니다. 위치기수법에 따른 표기는 아라비아 숫자 표기만의 독특한 성질입니다.

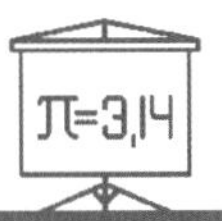

03

계산의 민주화를 이루다

아라비아 숫자를 인류 역사상 가장 획기적인 발명 가운데 하나로 간주하는 이유는 단지 간편함과 경제성 때문만은 아닙니다. 아라비아 숫자가 없었다면 오늘날처럼 대부분의 사람들이 사칙연산을 자유자재로 할 수 없었을 것입니다. 왜 그럴까요?

우선 인간의 사고에서 문자가 어떤 역할을 담당하는지 생각해봅시다. 문자의 역할은 단순히 우리의 사고를 기록하고 보존하는 데 그치지 않습니다. 기록된 문자를 통해 또 다른 추상적 사고를 하게 하며, 그 사고 과정에서 문자는 중요한 매개체 역할을 합니다. 문자가 우리의 상상력을 불러일으키거나 논리적으로 사고하게 하는 등 자극을 줌으로써 새로운 언어를 만들어내는 등 놀라운 창조성을 발휘하게 할 수도 있습니다.

그러므로 앞선 이들의 사고가 세월 속에 묻혀버리지 않고 다음 세대에 고스란히 이어지고, 이를 토대로 새로운 문화가 계속 창조될 수 있는 것도 오로지 문자 덕택입니다.

숫자 역시 문자와 같은 맥락에서 바라볼 수 있습니다. 숫자도 문자처럼 기록과 보존을 위한 수단입니다. 하지만 단순히 기록과 보존만을 위한 것이라면 아라비아 숫자 327이나 한자 표기 三百二十七, 로마 숫자 CCCXXVII은 별반 차이가 없습니다. 오히려 한자에 익숙한 사람에게는 三百二十七이 훨씬 더 편하고 익숙할지 모릅니다.

하지만 숫자가 표기로서의 역할을 넘어 '수학을 실행'하는 도구로서의 역할을 담당한다면, 이야기는 전혀 다른 양상으로 펼쳐집니다. 여기서 '수학을 실행'한다는 것은, 문자에 의해 사고가 진행되는 것처럼 숫자에 의해 수학적 추론이 진행되는 것을 뜻합니다. 이 점에 있어서 어떤 숫자도 아라비아 숫자를 절대 따라갈 수 없습니다.

수학을 실행하는 하나의 예로, 다음 연산 문제를 주목해봅시다.

문제 **다음 덧셈의 답을 구하시오.**

(1) 五十六 + 七十八 = ?

(2) LVI + LXXVIII = ?

(3) 56 + 78 = ?

같은 덧셈식이지만 (3)번처럼 아라비아 숫자로 표기된 덧셈식은 필산에 의해 134라는 정답을 쉽게 얻을 수 있습니다.

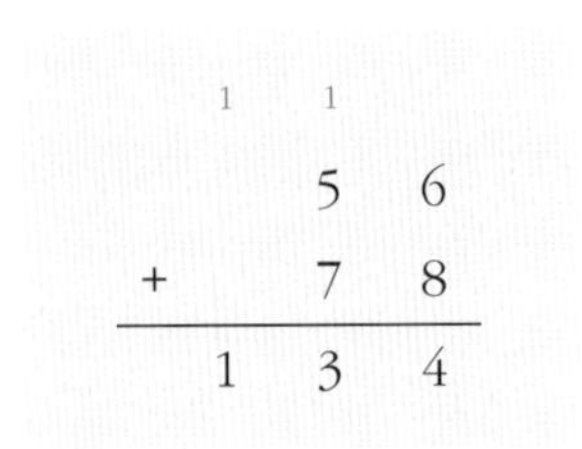

이때 계산과정에서 십의 자리와 백의 자리 위쪽에 나타난 두 개의 1을 주목해 보세요. 일의 자리 수 6과 8을 더한 14에서의 1(실제 값은 10)과, 십의 자리 수 5와 7을 더한 12에서의 1(실제 값은 100)을 표시합니다. 같은 숫자 1이지만 각각 10과 100의 값을 나타내므로, 이를 적용한 덧셈 결과는 134입니다. 이처럼 아라비아 숫자로 나타내면 위치기수법을 적용한 필산에 의해 쉽고 간단하게 답을 얻을 수 있습니다.

반면 (1)과 (2)의 경우는 어떨까요? 숫자의 단위가 더 크다면 과연 덧셈이 가능하기는 할까요? 만일 곱셈이라면 더더욱 낭패가 아닐 수 없을 겁니다. 빠르고 정확한 계산은 고사하고 아예 필산 자체가 불가능해집니다.

숫자의 역할은 비단 사칙연산에만 국한되지 않습니다. 예를 들어, 자연수에 대한 수의 특성을 탐구하기 위해 자연수를 분류하는 방법에 대하여 살펴봅시다.

121, 122, 123, 124, 125, 126, ⋯

배열된 위의 숫자들을 짝수와 홀수, 3의 배수, 5의 배수, 소수와 합성수 등으로 분류하는 것은 어렵지 않습니다. 123과 126이 3의 배수라는 사실도 쉽게 발견할 수 있습니다. 직접 3으로 나누어 나머지가 0인지 확인할 수도 있지만, 각 자릿수의 합이 3의 배수(1+2+3=6, 1+2+6=9)이므로 123과 126은 3의 배수라고 말할 수도 있습니다. 각 자릿값에 들어 있는 패턴을 찾아낸 것이죠.

반면에 한자 표기와 로마자 표기의 배열을 보세요.

百二十一, 百二十二, 百二十三, 百二十四, 百二十五, 百二十六, …

CXXⅠ, CXXⅡ, CXXⅢ, CXXⅣ, CXXⅤ, CXXⅥ, …

소수와 합성수는 물론 3의 배수들을 찾는 것도 참 난해하기 그지없습니다. 이들 숫자들로는 연산 자체가 거의 불가능하기 때문에 분류가 쉽지 않습니다.

이렇듯 '수학을 실행'하는 것이 주어진 집합에서 어떤 패턴을 발견하는 것이라고 전제한다면, 아라비아 숫자의 중요성은 아무리 강조해도 지나치지 않습니다. 수량을 기록하고 보존하는 데 그치는 다른 숫자 표기들과는 달리, 아라비아 숫자는 직접 수학을 실행할 수 있게 하는 강력한 도구인 것입니다. 따라서 수학수업을 아라비아 숫자 익히기부터 시작하는 것은 당연합니다.

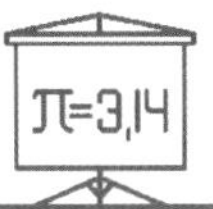

04

1961년 한국과 소련, 그리고 미국

그렇다면 아라비아 숫자가 우리에게 처음 도입된 것은 언제였을까요? 아마도 서양 문물이 물밀듯 밀려오던 19세기 말 개화기가 아닐까 추측해보지만 정확하게 단정짓기는 곤란합니다. 하지만 적어도 오늘날과 같이 실생활에서 본격적으로 사용한 시점이 언제부터였는지는 추측해볼 수 있습니다.

지금으로부터 약 60년 전인 1961년 5월 16일, 그러니까 박정희가 쿠데타를 일으켜 군사독재 시대의 막이 오른 역사적인 날에 발행된 동아일보 1면을 봅시다.

큰 활자체로 표기된 16이라는 아라비아 숫자가 가장 먼저 눈에 들어옵니다. 따라서 아라비아 숫자는 이미 훨씬 전부터 우리나라에 도입되었음을 짐작할 수 있습니다. 그런데 특이하게도 16을 제외한 거의 모든 숫자들이 한자로 표기되어 있습니다. 그러니까 1960년대에 발행된 일간지는 아라비아 숫자와 한자를 병행해 숫자

東亞日報

16日새벽 軍「쿠데타」發生

軍事革命委員會를組織

首都「서울」을完全占領

行政·立法·司法府掌握

張都暎中將·朴正熙少將·金潤根准將指揮

空挺二個大隊·海兵一個旅團參加

尹大統領軟禁狀態

張總理避身?

美大使館·八軍에隱身說

玄國防·鄭外務連行

全國에非常戒嚴令

屋內外集會禁止, 言論出版檢閱

下午七時부터夜間通行禁止實施

金融機關凍結

休戰線對備萬全

유엔軍將兵에禁足令

參謀機能癱瘓

腐敗·南北交流論에反撥

파키스탄·버마方式指向

1961년5월16일자 동아일보 1면

표기를 하고 있는 것입니다.

신문 맨 위의 발행일을 볼까요? 서기가 아닌 단기를 사용한 것은 당시의 관례였으니 그렇다 치더라도, 4294년 5월 16일을 '檀紀 四千二百九十四年五月十六日'로 표기한 것은 뜻밖입니다.

아래쪽 광고 면도 몇 개의 아라비아 숫자를 제외하고는 압도적으로 한자 숫자표기가 많습니다. 특히 국가시험을 고지하는 광고를 보면 70회를 七0회로 표기, 한자와 아라비아 숫자를 섞어 쓴 점도 자못 흥미롭습니다.

어쨌든 당시의 신문 지면을 살펴본 결과, 1960년대 우리 사회는 아라비아 숫자를 전면적으로 실용화한 단계에는 이르지 못한 것으로 보입니다. 물론 그때의 일간지를 지금과 같은 일반 대중매체로 간주하기는 무리입니다. 모든 국민이 신문에 표기된 한자를 완벽하게 독해할 능력을 갖춘 것은 아니었으므로 구독자는 제한적일 수밖에 없었죠. 더 냉정하게 표현하면, 당시 일간지들은 소위 식자라는 일부 계층의 지적 허영심을 충족시키기 위해 간단한 숫자마저 한자어로 표기하는 보수적 관행을 따랐던 것입니다.

결론적으로 당시의 신문지면을 통해 볼 때, 1960년대 훨씬 이전부터 우리나라에 아라비아 숫자가 소개되었음은 분명합니다. 물론 그 이전에는 一, 二, 三, 四, 五와 같은 한자어 표기를 사용했으므로 아라비아 숫자를 병행해 썼습니다. 한자어 숫자 표기를 더 선호했던 지식인들 때문에 아라비아 숫자의 전면적 사용은 지연될 수밖에 없었습니다.

1961년 4월 21일자 타임지

그런데 당시 다른 나라들에서는 전혀 다르게 상황이 전개됩니다. 박정희가 쿠데타를 일으키기 1년 전인 1960년 11월, 미국은 존 F. 케네디라는 젊은 정치가를 새로운 대통령으로 선출합니다.

그 이듬해인 1961년 4월 12일, 소련은 우주비행사 유리 가가린에 의해 인류 최초로 유인 우주비행에 성공하는 쾌거를 이룩합니다. 냉전시대였던 당시, 미국은 소련의 선진 과학 기술력에 두려움을 느낀 나머지 즉시 이에 대응하여 케네디 대통령이 직접 우주 정책을 발표합니다.

"소련과 대결할 수밖에 없는 우주 경쟁에서 우위를 차지하기 위해 우리 미국은 1966년에서 1967년 사이 달 착륙에 성공하도록 주력할 것이다."

결국 미국은 1969년 암스트롱이 인류 최초로 달에 첫발을 내딛으면서, 케네디가 내세웠던 정책의 목표를 달성할 수 있었습니다. 이때 미국과 소련 사이에 벌어졌던 치열한 우주개발 경쟁에서 NASA미항공우주국는 결정적인 역할을 담당했습니다. 정확한 우주비행의 궤도를 계산하는 공식을 만들었기에 가능했던 일이었습니다. 물론 이때 모든 계산은 아라비아 숫자에 의해 실행되었습니다!

영화 히든 피겨스*Hidden Figures*는 당시 NASA에서 활약한 흑인 여성들을 생생하게 그리고 있습니다.

비록 냉전시대에 대립하던 두 강대국의 주도로 우주시대의 막이 올랐지만, 1960년대 세계 과학기술은 사람을 태운 우주선을 지구 밖으로 쏘아 올리는 수준으로까지 급격한 발전을 이루었던 것입니다.

그렇다고 당시 두 나라를 선진 문화국가로 보기는 어렵습니다. 소련은 스탈린의 뒤를 이은 흐루쇼프가 베를린 장벽을 세우고 정치범들을 축출하는 등 독재 정치가 일상화된 국가였습니다. 미국 또한 마찬가지였습니다. 영화 '히든 피겨스'는 당시 미국 NASA에서 활약했던 흑인 여성들을 생생하게 그리고 있는데요, 흑인이라는 이유로 800m 떨어진 유색인종 전용 화장실을 사용해야 했고 공용 커피포트조차 사용할 수 없었으며, 여자라는 이유로 중요한 회의에 참석할 수 없는 끔찍한 차별이 존재했음을 보여주고 있습니다.

어쨌든 세상은 급속히 변화하고 있었습니다. 그로부터 10년이 지난 1974년에는 알테어 8800Altair 8800이라는 세계 최초의 개인용 컴퓨터가 모습을 드러내기 시작합니다. 우리 모두가 알고 있듯, 컴퓨터가 사용하는 수 체계는 이진법입니다.

1961년 5월 16일자 동아일보 1면은 당시 우리가 어떤 수준에 머무르고 있었는지 그 민낯을 고스란히 드러내 보여주는 기록입니다. 도대체 우리는 왜 아라비아 숫자를 도입하고도 제대로 사용하지 못했을까요? 하지만 우리만 그랬던 것은 아닙니다. 인류 역사에는 발전을 더디게 하는 반동세력이 늘 있었는데, 수학의 역사에서도 크게 다르지 않았습니다. 돌이켜보면 오늘날과 같은 수학과 과학의 발전은 어느 날 갑자기 이루어지지 않았습니다. 아라비아 숫자의 도입 과정 역시 예외가 아니었습니다.

05

중세 유럽의 반동세력들

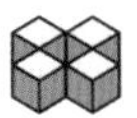

유럽인들이 아라비아 숫자의 존재를 처음 인지하게 된 시기는 지금으로부터 약 천 년 전인 11세기 무렵입니다. 이때 유럽의 수학은 2,000년 전 바빌로니아인이 도달했던 수준에 머물러 있었다고 해도 틀리지 않을 겁니다. 이마저도 대부분 인도의 힌두인이나, 중국과 교류를 가졌던 아랍인과 무어인으로부터 선택적으로 받아들인 지식에서 비롯되었습니다. 아랍의 수학은 지중해를 오가는 무역상들을 통해 주로 이탈리아를 경유하여 유럽에 전파되었습니다.

중세 유럽의 또 다른 주류는 교회 수도사들이었습니다. 이들은 지식을 독점했을 뿐 아니라, 달력의 관리자로서 그 누구보다 수학과 천문학을 필요로 했습니다. 그럼에도 다른 사람들에게는 수학을 악마의 유산이므로 멀리해야 한다고 강요하는 위선적 태도를 보였습니다.

영화 「장미의 이름」 포스터

스스로를 소설 쓰는 진지한 철학자라고 소개하는 움베르토 에코는, 소설 『장미의 이름』에서 중세 수도사들의 위선이 연쇄살인사건으로 이어질 수 있음을 보여줍니다. 당시 수도원은 성인들의 보금자리이자 학문과 진리의 탑이었고, 자비와 권력 그 자체였습니다. 그런데 시대의 상징이던 수도원에서 연쇄살인사건이 발생하였으니 정말 엄청난 사건이 아닐 수 없었습니다. 에코는 주인공인 수도사 윌리엄이 셜록 홈스처럼 사건을 해결하는 과정을 전체 소설의 줄거리로 내세우며, 당시 교황청의 주도 세력인 베네딕트회와 프란체스코 수도회가 교리문제로 치열하게 대립했던 상황을 이야기 중간중간에 배경으로 세밀하게 묘사했습니다.

윌리엄은 연쇄살인이 아리스토텔레스의 『희극론』 마지막 복사본을 숨기려는, 정신 착란의 한 광신자의 소행이라는 것을 밝힘으로써 사건을 해결합니다. 도대체 아리스토텔레스의 『시학』 제2권이 무엇이기에, 움베르토 에코는 수많은 고전을 간직했던 장서관은 물론 소중한 생명들과 함께 수도원 자체가 화염 속으로 사라져버리는 것으로 소설의 마지막을 장식했을까요?

이미 이 세상에서 소실되었거나 아예 쓰이지도 않았다고 믿어졌던 그 책은 진리를 추구하는 인간의 희망에 대한 상징이었습니다. '희극'에 관한 내용이었음에도, 이 책이 기독교 교리를 파괴하고 하느님 진리의 위대함을 무너뜨릴 것이라고 믿었던 광신자는 책의 한 귀퉁이에 독을 묻혀 이를 읽는 사람들을 살해했던 것입니다.

자신을 하느님의 사자라 착각한 나머지 자신의 뜻과 다른 사람들을 자의로 심판

할 수 있다고 생각한 광신도의 오만과, 오직 자신만이 아리스토텔레스의 『시학』을 독점하기 위해 살인까지 서슴지 않았던 세력 다툼은, 아라비아 숫자의 전파 과정에서도 발견할 수 있습니다.

아리스토텔레스

앞에서도 언급했듯 아라비아 숫자가 도입되기 전 유럽의 수학 수준은 정말 형편없었습니다. 이는 르네상스 시대의 프랑스 철학자 몽테뉴가 쓴 『수상록 제2권』(1580년)에서 확인할 수 있습니다.

"나는 농가에서 나고 자랐다. 지금의 이 집 재산은, 나보다 앞서 소유했던 이들이 떠난 뒤부터는 내가 직접 관장해야 했다. 그런데 나는 펜으로도, 패牌로도 셈하는 법을 모른다."

몽테뉴의 고백에서 당시 유럽에는 두 가지 계산법이 공존했음을 알 수 있습니다. '펜으로 하는 셈법'과 '패牌로 하는 셈법'입니다. 전자는 아라비아 숫자를 이용한 필산을, 후자는 작은 탁자나 널빤지 모양의 아바쿠스abacus라는 셈판을 이용한 필산을 말합니다.

아바쿠스란 평평한 판 위에 평행한 여러 개의 선을 긋고, 그 선들을 따라 숫자가 새겨진 패를 이동하며 계산하는 도구입니다. 원래 로마 시대의 아바쿠스는 널빤지 대신 작은 금속판을 사용하였고, 여기에 돌멩이calculi를 놓아 계산을 했답니다. 오늘날 미적분을 뜻하는 용어 캘큘러스calculus가 이 돌멩이로부터 유래되었다고 하죠. 아바쿠스는 당시 유럽에서 널리 사용되었는데, 우리나라를 비롯해 동아시아 여러 나라에서 사용했던 '주판'과 매우 흡사합니다.

고대 로마 시대와 중국의 아바쿠스

위에 소개한 몽테뉴의 고백은, 같은 프랑스인 조르주 이프라가 『숫자의 탄생』에서 소개한 내용을 인용한 것입니다. 이프라는 자신이 왜 몽테뉴의 고백을 인용했는지 설명을 덧붙였습니다.

"16세기의 뛰어난 지성인 가운데 한 사람이었던 몽테뉴는 세계 곳곳을 여행하면서 견문을 넓혔을 뿐 아니라 방대한 장서까지 소장하고 있었다. 그런 지성인이 간단한 셈조차 할 수 없었다는 사실에 놀라움을 금할 수 없다. 하지만 더 놀라운 것은 이에 대해 전혀 부끄러움이 없는 듯 무덤덤하게 기술하는 몽테뉴의 태도이며, 이는 커다란 충격이 아닐 수 없다."

하지만 당시 유럽의 수학 수준과 아라비아 숫자 도입을 둘러싼 세력 간의 다툼을

감안한다면, 몽테뉴가 아무리 르네상스 시대의 지성인이라 해도 그에게 사칙연산의 능력을 기대하는 것이 과연 적절한가 하는 의문이 듭니다. 왜냐하면 16세기까지도 유럽에서는 사칙연산이 고도의 전문가들만 할 수 있는 특수한 능력으로 간주되었으니까요.

아바시스트를 그린 작품

그래서 소위 아바시스트abacist라고 부르는 계산 전문가들이 이 분야를 독점하고 있었습니다. 아바시스트는 그 명칭에서 짐작할 수 있듯 아바쿠스abacus(셈판)에서 유래한 용어입니다. 그럼 아바쿠스를 사용해 사칙연산을 실행했던 아바시스트의 사회적 지위는 어느 정도였을까요? 전해 내려오는 다음 일화를 한번 살펴봅시다.

15세기 무렵 독일의 어느 부유한 상인이 아들에게 사업을 물려주기로 결정했다. 그는 사업에서 계산 능력이 얼마나 중요한지 너무나 잘 알고 있었기에 꽤나 유명한 아바시스트를 찾아가 아들의 교육에 대해 의논했다. 그러자 전문가는 다음과 같이 조언했다.

"덧셈과 뺄셈만 배우고자 한다면, 시간이 어느 정도는 걸리겠지만 여기 독일에서도 충분합니다. 하지만 곱셈과 나눗셈 같은 교육을 받으려면 이탈리아로 유학을 보내는 것이 좋습니다. 물론 아들이 그만한 능력이 있다는 전제가 있어야겠지요."

지금은 열 살가량의 아이들도 쉽게 할 수 있는 곱셈과 나눗셈을 터득하기 위해 유학까지 떠나야 한다니, 마치 지금 박사 학위를 취득하기 위해 외국 유학을 떠나는 것과 다를 바 없습니다. 어쨌든 당시 아바시스트의 위상은 요즘 컴퓨터 공학박사보다 훨씬 높은 대접을 받았음이 틀림없습니다.

이 모든 것이 로마 숫자 때문이었습니다. 숫자를 기록하고 보존하는 기수법과, 셈판을 이용한 계산법이 별개로 분리되어 있었던 것입니다.

원래 아라비아 숫자는 인도에서 만들어졌는데, 아랍인들에게 전파되었다가 이후 중동을 오가던 무역상과 수도사들에 의해 유럽으로 건네졌습니다. 인도에서 발명되었으므로 '힌두 숫자'로 명명되어야 마땅했으나 당시 유럽인들이 아랍에서 처음 접하였기 때문에 '아라비아 숫자'로 불리게 되었습니다. 인도인들 입장에서는 무척 억울할 수밖에요.

어쨌든 아라비아 숫자가 유럽에 전해진 후로도 본격적으로 널리 사용되기까지는 약 400~500년의 시간이 흘러야만 했습니다. 늘 그렇듯 세상은 하루아침에 쉽게 바뀌지 않습니다. 별 것 아닌 지식임에도 자신들의 권력과 재화를 유지하는 수단으로 이용하려는 기득권 세력이 항상 변화의 길목에서 발목을 잡아왔던 것입니다.

당시 유럽에서 아라비아 숫자의 대중화에 저항했던 가장 강력한 세력은 쉽게 짐작할 수 있을 겁니다. 바로 계산 기능을 독점했던 아바시스트였습니다. 이들 세력과의 힘겨루기는 11세기부터 15~16세기까지 계속되었습니다. 심지어 어느 지역에서는 아라비아 숫자를 사용하지 못하게끔 법으로 금지한 사례도 있었는데, 이탈리아 고문서 보관소에 쌓여 있다 최근에 발굴된 문헌에서 당시 상인들이 아라비아 숫자를 일종의 비밀부호로 사용했다는 기록이 발견되기도 했습니다. 이로 미루어 보아 처음에는 아라비아 숫자가 몇몇 개혁적인 상인들 사이에서만 통용되었을 거라는 추측이 가능합니다.

아라비아 숫자를 둘러싼 힘의 다툼이 얼마나 치열했는지는 한 장의 목판화를 통해서도 충분히 짐작할 수 있습니다. 1503년 그레고르 라이시Gregor Reisch라는 수도사가 펴낸 『마르가리타 필로소피카Margarita Philosophica』에 수록된 목판화로서, 제목은 '지혜의 보석Pearl of Wisdom'이라는 뜻입니다.

『마르가리타 필로소피카』에 수록된 목판화

왼쪽에서는 아라비아 숫자를 사용하여 필산을 하고 있고, 오른쪽에서는 셈판을 이용해 계산을 하고 있습니다. 왼쪽의 인물은 당시의 수학자 보에티우스를 모델로 하고 있는데, 아라비아 수 체계를 선호했던 '알고리스트'를 상징합니다. 오른쪽 인물은 고대 그리스의 수학자 피타고라스를 모델로 하여 아라비아 숫자 대중화에 저항했던 '아바시스트'를 상징합니다.

두 사람 사이의 여신은 산술arithematicae을 상징합니다. 그런데 여신은 피타고라스가 아닌 보에티우스를 향해 미소를 짓고 있습니다. 이 목판화가 만들어질 무렵인 16세기 유럽에서는 셈판보다는 아라비아 숫자를 이용한 계산, 즉 필산이 선호되어 보편화되기 시작하였음을 보여줍니다. 아라비아 숫자가 도입되면서 기수법과 계산법의 구분이 단숨에 저절로 사라져버렸습니다.

그로부터 약 500년이 지난 오늘날에는 태어나서 십 년 정도만 지나면 덧셈, 뺄셈, 곱셈, 나눗셈을 누구든지 쉽게 할 수 있는 세상이 되었습니다. 가히 계산의 민주화가 완벽하게 이루어졌다고 보아도 틀림없습니다. 당연히 이 모든 것은 아라비아 숫자 덕택입니다. 따라서 힌두-아라비아 숫자가 『지난 2000년 동안의 위대한 발명The Greatest Inventions of the Past 2000 Years』 가운데 하나로 선정되었다고 해도 전혀 놀랄 일이 아닌 것입니다.

역사에는 가정이 없다지만, 만일 11세기에 유럽인들이 아라비아 숫자가 도입되자마자 즉각 보편적으로 사용하는 지혜를 발휘했더라면 세계 문명사는 어떤 변화를 맞이했을까요? 사칙연산의 대중화가 이루어져 계산 기능이 보편화되었더라면, 수학을 토대로 하는 과학 기술의 발전은 상상하기 어려울 정도였을 것입니다.

어쨌든 지금으로부터 1600년 전, 인도 북부에서 0이라는 기호를 비롯한 아라비아 숫자를 창안했던 어느 이름 모를 천재는, 자신이 인류에게 얼마나 커다란 선물을 가져다주었는지 그 자신도 잘 몰랐을 것입니다.

06

중세 유럽의 아바쿠스가 부활하는 21세기 한국

"역사란 역사가와 사실들의 지속적 상호작용의 과정이자, 현재와 과거의 끊임없는 대화이다."

– 『역사란 무엇인가』 영국의 역사학자 E.H. 카를

앞서 제시하였던 1961년 5월 16일자 동아일보 신문 1면을 좀더 살펴봅시다. 단지 과거의 역사적 자료를 넘어 지금의 시점에서 어떤 의미를 갖는지 조심스럽게 추적해 보고자 합니다.

우선 글자와 숫자를 모두 한자와 한글을 혼용해 표기했다는 점이 가장 먼저 눈에 띕니다. 당시 일간지의 이러한 관행은, 세종대왕이 한글을 창제한 지 500여 년이 지났음에도 1988년 한겨레신문이 창간될 때까지 계속됩니다. 한겨레신문은 종합일간지 최초로 한글 전용과 가로쓰기 지면을 선보이는 획기적인 시도를 감행했습니다. 그전까지 모든 일간지는 한글과 한자를 혼용한 세로쓰기 체제였고, 특히 제목은 거의 대부분 한자를 사용했습니다. 왜 그랬을까요?

한자를 읽지 못하는 사람들이 소외된 채 당시 일간지 구독자들은 한정될 수밖에 없었다는 사실은 이미 앞에서 지적한 바 있습니다. 따라서 신문사들은 소위 식자라는 일부 계층의 지적 허영심을 충족시킬 필요가 있었습니다. 그 같은 허위의식이 한자와 한글의 혼용과 한자어 숫자 표기의 보수적 관행으로 나타난 것입니다.

이는 500년 전 조선시대 이조판서 허조가 가졌던 허위의식과 별로 차이가 없어 보입니다. 당시 한글을 창제한 세종대왕은 어전회의에서 "백성이 법 조항을 모두 알게 할 순 없지만 형법의 주요 내용을 이두문으로 번역해 반포하는 게 어떻겠느냐"고 제안했습니다. 그러자 이조판서 허조는 정색하며 반론을 제기했다고 합니다.

"간악한 백성이 법을 알게 되면 죄의 크고 작은 것을 헤아려 두려워하지 않고 제 마음대로 농간하는 무리가 생길 것입니다."

이조판서 허조의 발언에서 과거 한줌도 안 되는 지식과 정보를 자신들만 독점하던 유럽 중세 수도사들의 모습을 엿볼 수 있습니다. 그런 오만한 태도가, 지구 한편에서는 하늘로 우주선을 쏘아 올려 사람을 달나라에 보내는 우주과학 경쟁시대였음에도 여전히 숫자까지 한자로 표기해야만 성이 차는 구태의연한 의식에서 벗어나지 못했던 우리의 일간지에서도 여지없이 나타났던 것입니다.

누군가는 숫자를 한자로 표기한 것이 뭐 그리 대수라고 반세기 전 신문까지 들춰내어 공연히 흠을 잡고 매사를 비관적으로 보느냐며 힐난의 눈초리를 던질지도 모르겠습니다. 하지만 문제는 적극적으로 아라비아 숫자를 도입하지 않았던 중세 유럽에서 초래된 폐단이 우리에게도 나타날 수밖에 없었다는 사실입니다. 즉, 컴퓨터 시대를 살아가야 할 아이들에게 계산을 위해 주판알을 튕기도록 강요하는 어처구니없는 교육으로 이어졌던 것입니다.

우리에게 아라비아 숫자가 도입된 것은 아마도 일제 식민지 시대부터로 짐작됩니다. 1945년 광복 이후 국민학교(현재의 초등학교) 1학년 산수(현재의 수학) 첫 시간은 아라비아 숫자를 읽고 쓰는 것부터 시작했으니, 이미 그전부터 아라비아 숫자는 낯설지 않았을 겁니다.

그럼에도 일상생활에서는 여전히 한자어 숫자 표기가 성행하였습니다. 한자로 표기된 숫자는 계산에 적합한 표기가 아니므로 중세 유럽에서 그랬듯 덧셈, 뺄셈, 곱셈, 나눗셈에 여전히 '주판'이라는 별도의 계산 도구를 사용할 수밖에 없었습니다. 즉, 아라비아 숫자로 필산이 가능했음에도 그 가치에 대해서는 여전히 무지했기 때문에 숫자를 기록하고 보존하는 기수법과, 주판을 이용한 계산법을 별개로 분리할 수밖에 없었던 것입니다.

그런데 그 피해는 고스란히 당시 우리 아이들에게 돌아갔습니다! 교육당국과 교육학자들의 무지로 인해 학교 교육과정에 주산 교육이 반영되었던 것입니다. 1960년대 초등학교에서는 주산을 가르치는 교과가 따로 정해졌고, 상업고등학교에서도 주산은 주요과목이었습니다.

그로부터 20년 후인 1980년에는 우리나라 최초의 개인용 컴퓨터 전문 생산기업인 '삼보컴퓨터'가 설립되었고, 그로부터 십년이 지난 1991년에는 WWW가 공개됨으로써 바야흐로 인터넷 시대가 활짝 열립니다. 그럼에도 우리나라 초등학교 6학년 아이들은 6차 교육과정이 진행되던 1990년대까지도 주산이라는 교과목이 존재했기 때문에 주판을 놓느라 연신 손가락을 움직여야 했습니다.

이런 쓸모없는 헛짓거리를 아이들에게 강요하는 곳은 비단 학교만이 아니었습니다. 소위 속셈학원이라는 사교육기관에서도 주산과 암산을 배워야 했으니까요. 20

세기 정보과학시대가 도래했음에도 초등학교 수학에서는 빠르고 정확한 계산이 중요하다는 근거 없는 전통적 인식과 맞물려 우리 아이들은 주산 기능을 익히느라 아까운 시간과 노력을 강요당해야 했던 것입니다.

사실 초등학교에서 계산을 중요시하는 관행은, 근대적 학교제도가 도입된 일제강점기 식민교육의 잔재라 할 수 있습니다. 일본 제국주의에 의해 보통학교라는 이름으로 시작된 초등학교 교육은 대부분의 사람들에게 학교교육의 시작이자 끝이었습니다. 당시의 중등교육은 소수 엘리트, 그것도 실제로는 조선인이 아닌 일본인 자녀들을 위한 것이었습니다. 따라서 중등교육을 받고자 했던 조선인은 사립학교를 선택할 수밖에 없었기에 극히 소수만 진학할 수 있었습니다.

그렇다고 보통학교(식민지 말기에 국민학교로 개칭)가 지금처럼 의무교육 대상도 아니었습니다. 학령인구의 절반도 학교 문턱을 밟지 못했으니까요. 설혹 보통학교를 다녔다 하더라도 농업, 어업, 광산업과 같은 1차산업 종사자나 공장의 일꾼과 같은 노동자 양성을 목표로 한 교육에 그쳤습니다. 따라서 당시 초등교육의 내용은 당연히 기본적인 문자 해독과 초보적인 계산 능력에 초점을 두었던 것입니다. 이는 당시 초등학교 수학 과목을 산수라 불렀던 것에서도 충분히 짐작할 수 있습니다.

보통학교에서 형성된 계산에 대한 지나친 강조는 1990년대 6차 교육과정에서 '산수'라는 과목 이름을 '수학'으로 변경했음에도 여전히 사라지지 않고 있습니다. 손 안에 계산기를 들고 다니게 된 21세기에도 일반인뿐만 아니라 초등학교 교사마저 계산 기능을 수학 실력과 동일시하고 있는 현상이 지속되고 있으니, 1960년대 주산 교육에 대한 지나친 강조는 차라리 당연하다 할 수 있을 것입니다.

하지만 주판은 한자로 숫자를 표기하던 그 옛날에 계산을 위해 어쩔 수 없이 사용해야 했던 도구라는 사실을 기억해야만 합니다. 학교에서 아이들에게 아라비아 숫자를 가르치면서 동시에 주판을 이용한 계산 기능을 강요했던 것은, 아라비아 숫자가 필산에서 얼마나 유용한 기호인가를 깨닫지 못했기 때문에 빚어진 잘못된 교육이었습니다. 이는 당시 주산 교육교재를 살펴보면 저절로 확인할 수 있습니다. 아래 사진을 한번 보세요.

542,971.28 + 507.96 + 4,751,863.02 + ··· + 9,638,104.25 + ··· =

다섯 또는 여섯 자리, 심지어 열 자리 숫자들이 빼곡합니다.

32,078.54 + 4,120,597.38 − 752.03 + ··· − 6,098,154.73 + ··· =

주산 1급

(제한시간 : 10분)

①	②	③	④	⑤
₩ 543,971.28	₩ 32,078.54	₩ 32,410.59	₩ 7,130.48	₩ 320,798.06
507.96	4,120,597.38	4,069,873.10	4,192,867.50	9,237,861.50
4,751,863.02	-752.03	5,642.87	208,514.67	8,164,059.23
60,349.87	-903,268.17	3,796.04	-85,679.31	683.45
308,752.19	58,041.29	62,031.95	-9,241.05	59,140.72
62,498.53	7,135.84	724,685.13	4,906.28	2,975.83
9,638,104.25	-5,093.67	379.68	4,098,627.13	47,502.36
7,293.86	8,371,924.50	475,931.26	24,163.08	805,197.64
89,510.74	247,809.16	940,182.75	-601,395.72	4,693,812.05
431,728.69	-52,671.34	82,047.93	576,042.81	78,043.91
302,175.48	467,320.89	41,835.62	81,473.69	6,208.49
7,124,836.90	-6,098,154.73	3,098,567.41	-2,108,359.76	2,431.67
5,012.63	817,260.45	51,824.06	-703.84	593,267.18
47,206.15	42,837.69	9,126,508.74	45,398.12	801,354.69
5,609.41	9,605.21	687,059.31	306,425.97	95,426.87

⑥	⑦	⑧	⑨	⑩
₩ 30,581.64	₩ 532.61	₩ 97,083.45	₩ 452,790.16	₩ 71,940.53
2,479,613.85	8,536,701.94	8,359,647.10	6,582.74	2,816.04
618,237.50	21,980.76	-2,159.86	27,159.43	2,840,359.12
341,706.28	690,217.85	756,213.09	6,849,210.37	83,910.25
-903,187.42	82,094.53	-29,860.57	974,853.26	9,610,427.38
52,493.07	734,621.09	871,492.03	50,938.62	372,854.91
-9,374,025.86	7,859,143.26	430,925.71	8,613,207.95	4,830,196.25
-7,902.38	90,836.41	68,037.45	408,376.21	608.47
45,189.27	245,789.10	5,723.98	741.80	7,390.62
5,089,361.72	3,820.74	-2,913,084.67	365,891.04	852,037.41
-46,809.15	86,342.59	-325.14	6,028.39	8,169.27
859,470.24	725,908.63	84,217.36	8,365.17	469,251.74
702,845.36	4,971,653.02	-506,941.82	64,027.95	72,461.35
-469.81	6,047.58	9,127,406.38	2,780,419.53	408,736.54
7,032.46	3,296.74	4,568.29	31,024.68	59,802.67

주산교육 교재(덧셈과 뺄셈)

이런 덧셈과 뺄셈 문제를 왜 풀어야 할까요? 30만을 넘는 수, 9백만을 넘는 수에다가 소수점 둘째 자리 숫자까지 있습니다. 이런 덧셈을 과연 생전에 접할 수나 있는 것인가요?

곱셈과 나눗셈 문제들도 마찬가지입니다.

654.18 × 37.092 =

4,301,451.20 ÷ 90,215 =

그저 입이 딱 벌어집니다.

이런 계산 문제들은 오직 주산 기능훈련을 위해서만 필요합니다. 일상생활은 물론 수학이나 과학 그 어디에서도 사용하지 않는 아무짝에도 쓸모없는 계산들입니다. 원래 계산을 위해 주산이 필요한 것인데, 거꾸로 주산을 위해 이상한 계산문제를 아이들에게 제시했던 것입니다. 교육이 아닌 훈련을 위해서 '문제를 위한 문제'들의 정답을 구하라고 아이들에게 강요하는 것이 과연 올바른 처사일까요?

주판을 다루는 훈련임에도 주산교육이라는 이름으로 아이들을 '싸구려 계산기'로 만드는 어처구니없는 훈련이 몇 십년간 이어져온 것인데, 더 이해하기 어려운 것은 컴퓨터 시대인 오늘날에도 주산교육을 부르짖는 사람이 있고, 이를 가르치는 곳이 명목을 유지하고 있다는 사실입니다. 전혀 근거가 없음에도 소위 '집중력'과 '창의력'을 기른다는 그럴 듯한 구호를 내세우며 주판교육을 강조하는 이들에게 주산으로 어떻게 집중력과 창의력이 길러진다는 것인지 묻고 싶습니다. 집중력을 키우려면 아무 쓸모도 없는 주판알을 튕기기보다 차라리 바느질을 가르치는 것이 더 생산적이지 않을까요?

주 : 명수(₩)는 "전"미만, 무명수는 소수 5자리 미만 반올림.		주 ; 명수(₩)는 "전"미만, 무명수는 소수 5자리 미만 반올림.	
①	53,719 × 24,806 =	⑪	5,151.91223 ÷ 875 =
②	82.745 × 0.03069 =	⑫	0.074933826 ÷ 0.7634 =
③	1,043 × 0.862695 =	⑬	733,067,438 ÷ 80,257 =
④	35,046 × 89,217 =	⑭	41.8589394 ÷ 42.95 =
⑤	0.0905 × 0.268743 =	⑮	36.8659932 ÷ 5.38 =
⑥	36.1249 × 7.058 =	⑯	162,221,202 ÷ 25,038 =
⑦	₩ 654.18 × 37.092 =	⑰	₩ 72,359.05 ÷ 73.14 =
⑧	₩ 9,126.75 × 8,403 =	⑱	₩ 2,307,163.50 ÷ 341,802 =
⑨	₩ 460.59 × 0.07238 =	⑲	₩ 4,301,451.20 ÷ 90,215 =
⑩	₩ 586.07 × 32,194 =	⑳	₩ 0.69 ÷ 0.257368 =

주산 교육교재(곱셈과 나눗셈)

지금까지 전 세계 사람들이 공통으로 사용하는 기호로 자리매김하기까지 인류의 역사와 삶을 함께 한 아라비아 숫자에 대해 자세히 살펴보았습니다. 아라비아 숫자의 도입과정에서 드러난 과거 중세 유럽의 오만한 과오를 지금 우리가 되풀이하고 있지는 않은지, 수학적 능력을 계산능력이나 문제풀이 능력으로 착각하고 있지는 않은지 의문을 제기하며, 이제 다시 수학으로 돌아갑시다. 아라비아 숫자를 익히는 과정에서 수에 대한 개념이 형성되는데, 이제 살펴볼 수 세기 활동에서 본격적으로 수학의 세계로 발을 들여놓게 됩니다.

수학이야기 01

숫자는 수가 아니다!

숫자는 수가 아닙니다. 영어에서도 수는 'number', 숫자는 'numeral'로 구분합니다. 숫자는 생각을 기록하는 문자처럼 수를 나타내는 상징기호입니다. 숫자와 수는 다르지만 실제로는 엄격히 구분하여 사용하지 않습니다. 표기된 숫자를 수로 인식하기 때문입니다. 예를 들어 '3'은 사과 3개를 가리킬 수도 있고 빵 3개를 가리킬 수도 있습니다. 사람 3명이나 강아지 3마리일 수도 있으며 삼각형의 변 3개를 가리킬 수도 있습니다. '셋'이라는 추상적인 관념을 3으로 표기하는데, 대부분은 이 둘을 동일시합니다.

그런데 숫자 0은 매우 특이하여 다른 숫자들과 다릅니다. '영'이라고 읽는 이 기호는 '아무것도 없음'을 나타냅니다. 사과 3개를 가지고 있다가 다른 사람에게 모두 나누어주고 아무것도 없는 상태일 때, 갖고 있는 사과의 개수를 0개라고 합니다. 남자 전용 목욕탕에 여자는 한 명도 없으므로 이때 여자는 0명이라고 합니다. 이와 같이 숫자 0은 아무것도 없음을 나타내는데, 집합으로 표현하면 원소가 하나도 없는 공집합에 해당합니다.

숫자 표기에서 0은 해당 자릿수에 아무것도 없음을 나타냅니다. 예를 들어 305의 경우 십의 자리가 비어 있음을 기호 0으로 채우지만, 읽을 때는 '삼백오'라고만 하여 십의 자리는 언급조차 하지 않습니다.

아무것도 없으니 보이지 않고, 보이지 않으니 셀 수 없으며, 따라서 세어보려는 시도조차 하지 않겠죠. 그래서 자연수는 0이 아닌 1부터 시작되어, 0은 자연수가 아닙니다.

0은 아무것도 없음을 나타내는 숫자지만 반드시 그런 것만도 아닙니다. 온도가 0도라는 것은 온도가 없다는 뜻이 아니기 때문입니다. 0도는 영상 10도나 영하 5도와 마찬가지로 어떤 상태의 온도, 즉 물이 얼기 시작하는 온도를 나타냅니다. 0시라는 표현도 시간이 없다는 뜻이 아닙니다. 밤 11시로부터 한 시간 후, 또는 새벽 1시보다 한 시간 빠른 시각을 0시라고 합니다.

0은 수직선 위에서 자신의 위치를 당당하게 드러냅니다. 다른 숫자들과 마찬가지로 하나의 점으로 나타낼 수 있는데, 특히 이 점을 원점이라 합니다. 아무것도 없는 것을 나타내는 숫자이면서 또한 그렇기 때문에 존재하는 0이라는 숫자는, 그래서 9까지의 숫자 가운데 가장 마지막에 만들어졌습니다.

어른들을 위한 초등수학

02

개수 세기도 수학일까?

01

수식이 수학의 전부는 아니다

수식이 없는 수학은 상상하기 어렵습니다. 숫자와 기호로 이루어진 수식이 수학의 핵심이기 때문입니다. 수학에서의 수식은 음악에서의 악보나 연극에서의 대사에 비유할 수 있습니다.

물론 악보 없는 음악이나 대사 없는 연극도 있습니다. 판소리는 애초부터 악보 없이 탄생한 음악이고, 대사가 전혀 없는 연극의 한 장르인 팬터마임도 있으니까요. 마찬가지로 기호나 수식이 없는 수학도 가능합니다. 아니, 가능했다고 과거형으로 표현하는 것이 더 적절할 것 같군요.

예를 들어 덧셈의 교환법칙 '$a+b=b+a$'는 수학 기호 없이 다음과 같이 나타낼 수 있습니다.

'덧셈 결과는 더하는 항의 순서와 무관하다.'

수학적 기호가 탄생하기 이전에는 이처럼 문장으로 수학을 나타냈습니다. 수학에서 축적된 지식의 양이 일천했기 때문이죠. 하지만 지금은 수식을 사용하지 않고 수학을 거론하기란 거의 불가능합니다.

우리가 세상에 태어나서 가장 먼저 접하는 '수학적 기호'는 '아라비아 숫자'입니다. 열 개의 기호로 이루어진 아라비아 숫자를 익히고 나면 덧셈 기호(+), 뺄셈 기호(−), 등호(=)와 같은 '연산 기호'를 접합니다. 그리고 이들 연산기호를 사용한 덧셈식(ex. 3+2=5)과 뺄셈식(ex. 6−1=5)을 차례로 배우며 본격적으로 수학이라는 학문에 발을 들여놓게 됩니다.

처음에는 이렇듯 간단한 식에서 출발하지만 12년이라는 긴 시간에 걸쳐 점점 복잡한 형태의 수학식들을 만납니다. 그 가운데에서 고등학교 통계 단원에 등장하는 정규분포곡선에 대한 함수식은 그 복잡함으로 따지자면 무시무시한 괴물의 모습처럼 공포감마저 느끼게 할 정도입니다.

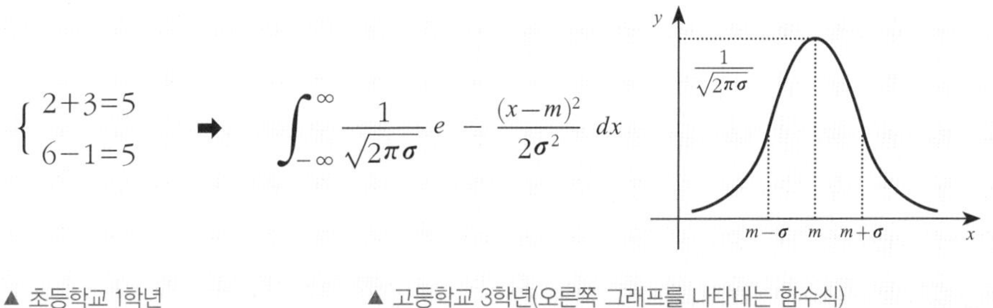

▲ 초등학교 1학년

▲ 고등학교 3학년(오른쪽 그래프를 나타내는 함수식)

그러고 보면 수식이 수학의 핵심이라는 사실은 틀림없는 것 같습니다. 하지만 그렇다고 수식이 수학의 모든 것은 아닙니다. 수학은 우리 머릿속에서 진행되는 사고 활동 그 자체이며, 수식은 단지 이를 간결하게 보여주는 수단에 불과하니까요. 이러한 관점에서 수학을 다시 살펴보면, 수학은 수학자만의 전유물이 아니며 수학을 배우는 곳도 학교만이 아니라는 사실이 분명해집니다. 실제로 인간의 수학활동은 숫자를 배우기 훨씬 이전인 젖먹이 유아시절부터 시작됩니다.

세상에 갓 태어난 아이를 흐뭇하게 바라보는 아빠와 엄마의 얼굴을 떠올려보세요. 두 사람은 매일같이 '엄마, 아빠'라는 단어를 연신 반복하여 들려줍니다. 아이의 옹알이가 시작되기를 고대하면서 말입니다. 그러다 아이가 단어를 말하기 시작하는 순간, 두 사람은 서로를 바라보며 기쁨을 만끽하겠죠.

얼마 뒤 두 사람은 또 다른 가르침을 준비합니다. 방긋 웃는 아이의 얼굴을 손가락으로 가볍게 짚어가면서 반복합니다.

"코, 코, 코, 코, 코는 하나! 입도 하나! 눈은 둘!"

신체의 명칭을 알려주는 과학학습과 수 세기 단어를 알려주는 수학학습을 동시에 실행합니다. 이렇게 아빠와 엄마는 걸음마는커녕 몸도 제대로 가누지 못한 채 포근한 담요에 싸여 있는 아기의 첫 번째 수학선생님이 되는 것입니다.

생애 최초의 수학학습은 이렇듯 가정에서 전수되는 수 단어 익히기에서부터 시작됩니다. 물론 너무 어린 시절에 진행되므로 어른이 된 후 이때의 경험을 기억하는 사람은 없습니다. 그래서 간혹 수 세기를 선천적으로 타고난 능력인 양 착각하기도 합니다. 수 세기는 누구나 그 과정을 크게 의식하지 않고 자동적으로 이루어지기 때문에 그렇게 느끼는 것도 무리는 아닙니다.

하지만 결론부터 분명하게 밝히면, 수 세기는 타고난 능력이 아니라 우리가 의식하지 못하는 복잡한 사고 과정을 거쳐야 하는, 그래서 학습이 필요한 수학입니다. 단순해 보이는 수 세기가 이후 수 개념 형성에 매우 중요한 역할을 하게 되므로 자세히 살펴보려고 합니다. 우선 수 세기를 직접 체험하는 것부터 시작합시다.

02

'직관적 수 세기'와 '전략적 수 세기'

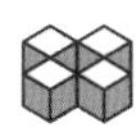

문제 1 사과는 모두 몇 개인가?

문제 1 은 유치원 아이들도 답할 수 있는 문제입니다. 그렇다면 **문제 2** 도 풀어봅시다.

문제 2 **사과는 모두 몇 개인가?**

물론 이 문제도 누구나 쉽게 8이라고 말할 수 있습니다.

그렇다면 다음 질문에도 쉽게 대답할 수 있나요?

♣ 당신은 **문제 1** 에서 사과의 개수가 3개라는 사실을 어떻게 알았는지 말할 수 있나요?

♣ 당신이 **문제 1** 의 답을 구할 때와 **문제 2** 의 답을 구할 때, 두 사고과정에서의 차이점을 말할 수 있나요?

여러분이 짐작하듯 사과 개수 구하는 문제를 제시한 의도는, 몇 개인지 그 결과가 아니라 '개수를 구하는 과정'에 대해 살펴보려는 것입니다. 사과 개수 3개와 8개를 어떻게 구했는지 자신의 사고 과정을 천천히 되돌아보며 다음 설명과 비교해보세요.

문제 1 에서 당신은 하나, 둘, 셋, 이렇게 일일이 개수를 세어 3이라는 답을 얻었을까요? 물론 아닙니다. 처음 수를 배우는 유아들만 일일이 세어봅니다. 초등학교에 입학하는 아이들 대부분은 그림을 보자마자 즉각 3개라고 답할 수 있습니다. 한눈에 직관적으로 개수가 3개임을 파악한 것이죠. 이를 '직관적 수 세기'라고 합니다.

하지만 직관적 수 세기의 범위는 매우 제한적입니다. 직관적 수 세기에 의해 (문제 2)의 정답을 말할 수 있는 사람은 실제로 찾아보기 어려우니까요. 다시 말해서 대부분은 8개의 사과를 한눈에 직관적으로 파악할 수 없습니다. 그렇다면 어떻게 답을 얻었을까요?

우리는 (문제 2)를 보고 매우 짧은 시간이지만 한순간 멈칫할 수밖에 없습니다. 3개의 개수를 셀 때처럼 처음에는 직관적 수 세기를 시도하지만, 전체를 한눈에 파악할 수 없어 순간적으로 당황하기 때문입니다. 어쩔 수 없이 직관적 수 세기를 포기하고 개수 전체를 헤아리는 시도를 할 수밖에요.

그런데 이때 각자 나름의 새로운 전략을 마련하여 수 세기를 실행합니다. 이때의 전략이란 '묶어 세기'를 말하는데, 몇 개씩 묶어 세기를 할 것인지는 사람마다 다른 양상을 보입니다. 2개씩 네 묶음으로 하여 "둘, 넷, 여섯, 여덟"이라고 답할 수 있습

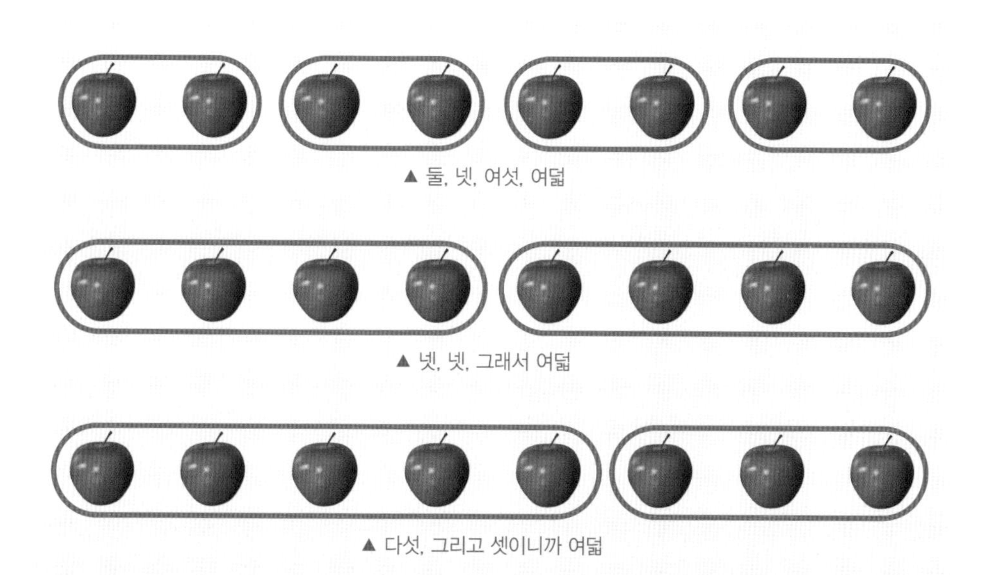

▲ 둘, 넷, 여섯, 여덟

▲ 넷, 넷, 그래서 여덟

▲ 다섯, 그리고 셋이니까 여덟

니다. 또는 넷씩 두 묶음을 하여 "넷, 넷이므로 여덟"이라거나, 다섯과 셋으로 분리하여 "다섯, 셋이니까 여덟"이라고 할 수도 있습니다.

물론 사과를 일일이 짚어가며 "하나, 둘, 셋, …, 여덟"이라고 할 수도 있습니다. 하지만 이는 수 세기를 처음 배우는 아이들에게서만 나타나는 반응으로, 만 6세 이상에서 이런 반응을 보인다면 '수 감각'이 충분히 형성되지 못한 것으로 판단됩니다. 이 경우에는 수 감각을 향상시키는 보충학습이 필요합니다.

어쨌든 몇 개씩 묶어 셀 것인가는 사람마다 다르며, 여기에는 각자의 의도가 담겨져 있기에 '전략'이라는 용어를 사용합니다. 그리고 바로 앞에서 언급한 '직관적 수 세기'와 구별하기 위해 '전략적 수 세기'라는 용어로 정리합니다.

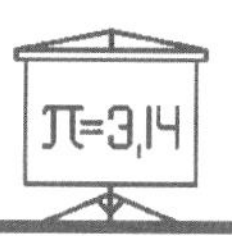

03

5를 넘지 못하는 수 감각의 한계

문제 2 의 정답 사과 8개는 한눈에 파악할 수 있는 '직관적 수 세기'가 아니라, 묶어 세기라는 '전략적 수 세기'에 의해 얻은 것이었습니다. 그렇다면 직관적 수 세기와 전략적 수 세기가 구별되는 기준은 과연 무엇일까요?

문제 2 의 풀이 과정에서 그 답을 찾을 수 있습니다. 각각의 전략, 즉 묶음에 들어 있는 개수를 나열해보면 다음과 같습니다.

(2, 2, 2, 2),　(4, 4),　(5, 3)

묶음의 단위가 모두 5 이하입니다! 이것은 우연히 나타난 현상이 아닙니다. 우리 인간이 한눈에 직관적으로 파악할 수 있는 보편적인 수 감각 단위가 그 정도밖에

안 되기 때문에 어쩔 수 없이 선택한 결과인 것입니다.

어쩌면 이 사실을 선뜻 받아들이기 어려울 수도 있습니다. 백만이나 억, 조는 물론 심지어 무한대까지 헤아릴 수 있는 만물의 영장인 인간의 수 감각이 겨우 그 정도밖에 되지 않는다니 말입니다. 하지만 우리는 '수 감각' 용어에 들어 있는 '감각'이라는 단어에 주목할 필요가 있습니다. 억, 조를 넘어 무한대까지의 수 세기는 학습의 결과이지만, 수 감각에서의 감각은 본능에 가깝기 때문입니다.

5를 넘지 못하는 인간의 제한된 수 감각에 대한 증거를 몇 개 살펴봅시다.

우선 문명세계와 거의 접촉이 없는 채로 여전히 석기시대의 삶을 살아가는 아프리카의 피그미족과 줄루족, 오스트레일리아의 아란다족과 카밀라로이족, 말레이 제도의 원주민, 브라질의 보토쿠도족 등에 관한 고고인류학 연구에서 인간의 수 감각에 관한 사실을 발견할 수 있습니다. 연구에 따르면, 이들이 수의 크기를 표현하는 방법은 '하나, 둘, 그리고 많다'뿐이었습니다. 수 감각이 5는커녕 3 이상의 수마

아프리카 피그미족

저 제대로 구분하지 못한다는 겁니다. 자세한 내용은 프랑스의 수학역사학자 조르주 이프라가 집필한 『숫자의 탄생』에 기술되어 있습니다.

우리가 사용하는 언어에서도 인간의 수 감각에 대한 흔적을 발견할 수 있습니다. 한자를 예로 들면, 나무를 뜻하는 그림문자인 한자 木목을 두 개 연결하면 숲을 뜻하는 林림이 됩니다. 그리고 나무 목木을 세 개 연결하면 森삼이 만들어지는데, 여러 그루의 나무가 빽빽하게 들어서 있는 모양을 나타냅니다. 그렇게 만들어진 한자어 삼림森林으로 유추해볼 때 한자를 창조했던 사람들도 석기시대 인간의 수 감각과 다르지 않음을 알 수 있습니다.

3을 뜻하는 프랑스어 trois는 어떤가요? 이와 유사한 속성을 가진 단어 très가 있는데, 그 뜻은 '매우'라고 합니다. 셋 이상이면 더 헤아릴 수 없었기에 그냥 많다고 했던 것입니다. 아주 오래전부터 숫자 3은 '복수', '다수', '무더기', '그 이상' 등과 혼합하여 사용되었고, 더 이상 이해하기 어렵거나 정확히 가늠하기 어려운 상황을 나타내는 언어였습니다. 옛날 우리 인류의 조상들에게 3 이상의 수량은 자신의 능력으로는 파악이 불가능했던 혼돈 그 자체였던 것입니다. 어쩌면 그들에게는 들판에 돌아다니는 6마리의 산돼지나, 방금 나무에서 떨어져 발밑에 놓여 있는 7개의 사과를 헤아리는 것이 오늘날 우리가 수십 억 또는 수백 조를 머릿속에 그리는 것보다 훨씬 더 복잡하고 어렵게 느껴졌을지도 모릅니다.

이제 수 감각과 수 세기가 서로 다르다는 것과 그 차이점도 알았습니다. 사실 수 세기 능력은 학습에 의해 형성되는데, 유아 수학의 대부분이 수 세기 활동이라 해도 과언이 아닙니다. 이에 비해 수 감각은 거의 본능에 가까운 속성입니다. 학습에 의해 향상될 수 없는, 선천적으로 타고난 것이라는 뜻입니다. 이 사실을 젖먹이 유아가 보이는 반응에서도 확인할 수 있습니다.

아직 첫돌이 채 되지 않은 보람이 앞에 갓 구은 쿠키 3개가 담긴 접시가 놓여 있다. 이를 본 보람이가 천천히 다가가 접시로 손을 뻗었다. 바로 그 순간, 뒤쪽에서 음악을 크게 틀어 보람이의 시선을 돌려놓는다. 이때 접시에 담겨 있던 쿠키 3개 가운데 하나를 슬쩍 감춘다. 보람이가 다시 접시로 시선을 돌렸을 때, 무언가 이상하다는 듯 잠시 멈칫하며 얼굴을 찡그리는 반응을 보인다.

보람이는 왜 얼굴을 찡그렸을까요? 물론 보람이는 아직 말을 하지 못하므로 하나, 둘, 셋도 알지 못합니다. 따라서 보람이는 원래 접시에 쿠키가 '3개' 있었다는 사실도 전혀 파악할 수 없습니다. 그럼에도 보람이가 멈칫하며 얼굴을 찡그린 것은 3개의 쿠키 가운데 1개가 없어졌음을 '본능적으로' 감지하였기 때문입니다. 보람이가 정확히 몇 개인지 전체 개수를 세어보지 않고도 수량의 변화를 감지할 수 있는 것은 '수 감각' 때문이며, 이는 선천적으로 타고난 것임을 보여줍니다. 비록 그 범위가 둘이나 셋이라는 매우 작은 개수에 한정되지만, 그럼에도 본능적인 수 감각은 학습을 통해 천천히 습득되는 수 세기 능력과는 당연히 구별됩니다.

수 감각에 의해 파악할 수 있는 수량의 범위가 5 이하라는 사실이 우리의 일상에 적용되는 사례도 있습니다. 그 대표적인 예가 전화번호입니다. 불과 십 년 전만 해도 전화번호가 32-5074 또는 332-6572처럼 두 묶음의 숫자 단위로 구성되어 있었습니다. 이때 각 묶음의 단위가 네 자리 이하인 것은 결코 우연이 아닙니다. 네 자리 이하의 숫자는 한눈에 파악할 수 있고, 이를 몇 번 소리 내어 되풀이하면 쉽게 암기할 수 있습니다. 우리의 수 감각 단위를 반영하여 의도적으로 내놓은 결과물이라는 것이죠. 이동전화 시대가 열리면서 010-5○○○-6572와 같이 전화번호가 열 자리를 넘어가게 되었습니다. 그럼에도 여전히 각각 네 자리 이하로 숫자를 묶어 연결해 사용하는 것은 변함이 없습니다.

이처럼 우리는 숨이 찰 정도로 빠르게 발전하는 정보통신 혁명의 시대에 살고 있음에도 우리의 수 감각은 여전히 고대 원시인에 비해 별다른 진전이 없습니다. 선천적으로 그렇게 태어났으니까요. 그렇다면 인간이 아닌 다른 동물도 과연 우리의 수 감각과 같은 능력을 타고날까요? 만일 그렇다면 인간과 비교했을 때 그들의 수 감각은 어느 정도일까요?

04

선천적으로 타고난 동물의 놀라운 수 감각

본능적인 '수 감각'은 동물에게서도 나타납니다. 어떤 동물은 인간보다 훨씬 뛰어나다는 연구사례가 발표되곤 합니다. 라트비아 출신의 수학자 토비아스 단치히가 『과학의 언어, 수』에서 소개하고 있는 예들을 살펴봅시다.

많은 종류의 조류는 두 개와 세 개를 구별할 수 있는 수 감각을 타고납니다. 어미 새가 먹이를 찾아 잠시 떠난 사이, 둥지 안에 있던 네 개의 알 가운데 두 개를 슬쩍 빼냅니다. 그러면 둥지로 돌아온 어미 새가 다른 장소로 둥지를 옮긴다고 합니다. 알이 사라진 것을 감지한 것이죠. 그런데 한 개만 빼내면 전혀 눈치를 채지 못하고 둥지에 그대로 머무른답니다. 이로 미루어볼 때 대부분의 새들은 두 개와 세 개 정도는 구별할 수 있는 수 감각을 보유하고 있음을 알 수 있습니다.

'솔리타리 말벌'이라는 곤충의 수 감각은 새보다 훨씬 정교한 것으로 알려져 있습니다. 이 말벌의 어미는 벌집 하나마다 알을 한 개씩만 낳습니다. 그리고 그곳에 나비 애벌레를 넣어두는데, 새끼가 알에서 깨어났을 때를 대비해 미리 먹이를 준비하는 것입니다. 그런데 정말 신기하게도 각각의 벌집에 넣는 애벌레의 수가 말벌 종에 따라 일정합니다. 어떤 종의 말벌은 다섯 마리씩, 또 다른 종의 말벌은 열두 마리씩 넣어둡니다. 최대 스물네 마리씩 넣어주는 말벌도 있습니다.

이름도 특이한 '에우메네스Genus Eumenes'라는 말벌 종은 더 놀라운 행동을 보입니다. 이 말벌의 어미는 어느 알에서 수컷이 나오고, 어느 알에서 암컷이 나올지 미리 알고 있는 것으로 추측됩니다. 수컷이 나올 알의 벌집에는 애벌레 다섯 마리를, 암컷이 나올 알의 벌집에는 열 마리의 애벌레를 정확하게 넣어준다는 겁니다. 수컷의 크기가 암컷보다 훨씬 작은데, 그 크기에 따라 암컷과 수컷을 구별하여 애벌레의 먹이 개수를 다르게 넣어주고 있다니 정말 신기하기 그지없습니다.

그렇다면 말벌에게도 '수 세기' 능력이 있는 것으로 결론을 내려도 될까요? 섣불

말벌 에우메네스 종 *Genus Eumenes*

리 답할 수는 없습니다. 말벌의 행동 패턴이 자의에 의해 의식적으로 이루어지는 것이 아니기 때문입니다. 종족 번식과 같은 기본적인 생명 활동에서 나타나는 일정한 행동 패턴은 학습에 의해 형성되었다기보다는 선천적으로 타고난 본능에 가깝다고 보아야 합니다. 그래서 이를 '수 세기'가 아닌 '수 감각'으로 분류하는 것이 적절합니다.

이러한 말벌의 사례가 담긴 단치히의 『과학의 언어, 수』는 지금으로부터 거의 백 년 전인 1930년에 출간되었습니다. 아인슈타인도 '수학의 고전'이라고 극찬한 이 책에는 말벌 이야기뿐 아니라 서구 유럽에서 전해 내려오는 까마귀에 관한 일화도 있습니다. 어쩌면 이 일화가 지금 우리가 살펴보고 있는 '수 감각'이라는 주제와 가장 밀접한 관련이 있을 것 같아 내용을 조금 각색하여 소개합니다.

옛날 어느 성의 헛간에 까마귀 한 마리가 날아 들어왔다. 까마귀는 아예 헛간에 둥지를 틀고는 쌓아놓은 곡식을 야금야금 훼손하는 것이 아닌가. 이 못된 까마귀를 잡기 위해 성주는 다양한 방법을 동원하였지만 결과는 매번 실패였다.

누군가 헛간에 가까이 다가가면, 어느새 눈치 챈 까마귀가 훌쩍 둥지를 떠나 헛간 앞 높다란 나무 위로 날아올랐다. 그리고는 나뭇가지에 앉아 느긋하게 시간을 보내다가 헛간에서 사람이 나오는 것을 확인하고서야, 비로소 둥지로 되돌아오는 것이었다.

머리를 쥐어짜며 고민하던 성주는 까마귀 사냥을 위해 한 가지 꾀를 내었다. 친구를 불러 함께 헛간으로 들어갔다가 한참 후 총을 든 친구를 남겨둔 채, 혼자서 헛간을 나왔던 것이다. 나무 위의 까마귀가 보란듯이 천천히 걸어나왔지만, 꽤나 영리했던 까마귀는 속아 넘어가지 않았다. 남아 있던 친구가 나올 때까지 까마귀는 인내심을 발휘하며 나무 위에 그대로 앉아 있었던 것이다.

다음날 성주는 친구 두 명을 불렀다. 그리고 셋이 함께 헛간으로 들어간 다음,

총을 든 친구 한 명만 남긴 채 두 사람만 밖으로 나왔다. 헛간에 남은 사람은 까마귀 잡을 기회를 엿보며 지겹도록 오래 기다렸지만, 영리한 까마귀는 더 인내심을 발휘하며 나무 위에 앉아 물끄러미 헛간만 바라보는 것이 아닌가. 그러다가 나머지 한 명마저 헛간에서 나오는 것을 확인하고서야 비로소 자신의 둥지로 돌아갔다.

성주는 무척 화가 났지만 포기하지 않았다. 이번에는 친구 세 명을 불러 네 사람이 함께 헛간으로 들어갔다. 마찬가지로 한 사람만 남고 세 사람은 밖으로 나왔지만, 이번에도 그의 거사는 실패로 끝났다.

까마귀 제거 작전을 포기하려던 성주는 마지막으로 친구 한 사람을 더 불렀다. 모두 다섯 사람이 함께 헛간으로 들어갔다가 네 사람만 밖으로 나왔다. 그런데 물끄러미 이들을 바라보던 까마귀가 이번에는 둥지가 있는 헛간으로 들어가는 것이었다. 성주의 까마귀 포획 작전은 이렇게 성공적으로 마무리될 수 있었다!

성주의 지혜와 인내심 덕택에 성공적으로 까마귀를 포획할 수 있었다는 해피엔딩의 이 일화는 단지히 덕분에 많은 사람들에게 알려졌고, 수학 관련 책에서도 널리 소개되었습니다. 하지만 수 세기 활동과 연계하여 이 일화에 어떤 의미가 담겨 있는지 언급한 적은 없었던 것으로 기억합니다. 혹시 누군가가 이 일화를 듣고 다음과 같은 결론을 내릴 수 있지 않을까요?

"까마귀는 넷까지 수를 셀 수 있지만 다섯을 넘는 수는 셀 수 없구나."

글쎄요, 그렇게 단정적으로 말할 수는 없습니다. '수 감각'과 '수 세기'를 구분하지 못하면 성급하게 이런 오류를 범할 수 있습니다. 까마귀는 '수를 세었던' 것이 아니라 그냥 뭉뚱그려 '수량을 파악했던' 것입니다. 까마귀는 그저 네 개짜리 사물의 수량을 구분할 수 있는 '감각'을 소유했을 뿐입니다. 수 세기는 훨씬 더 복잡한 활동입니다.

지금까지 살펴본 여러 사례들, 즉 접시에서 쿠키 하나가 없어졌음을 본능적으로 느꼈던 보람이, 둥지에서 품고 있던 알 가운데 두 개가 없어진 것을 감지하고 새로운 둥지를 틀었던 새, 태어날 말벌이 수컷인가 암컷인가에 따라 애벌레 개수를 다르게 넣어두었던 말벌, 그리고 영리한 까마귀의 행동은 모두 선천적으로 타고난 '수 감각'에 해당하는 것으로 '수 세기'와는 구별해야 합니다. 수 감각이라는 측면에서 우리 인간은 동물보다 월등하게 우수하지 않다는 사실도 알 수 있었습니다.

하지만 이제부터 살펴볼 수 세기에 대한 이야기는 수 감각과는 전혀 다르게 펼쳐집니다!

05

본격적인 수학적 사고의 시작, 수 세기

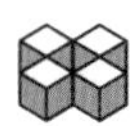

인간의 수 세기 능력은 학습에 의해 형성됩니다. 본능적인 수 감각과는 달리, 여러 지식과 능력이 복합적으로 결합된 수준 높은 지적 활동이 '수 세기'입니다. 따라서 동물을 훈련하는 방식으로는 수 세기 능력이 형성될 수 없습니다. 그렇다면 수 세기 학습은 어떻게 진행될까요?

매우 단순한 듯 보이지만 수 세기는 몇 단계를 거쳐야만 형성됩니다. 먼저 수량을 음성으로 나타내는 단어를 익혀야 합니다. 그리고 그 단어를 나타내는 상징적 기호인 숫자를 습득해야 합니다. 말을 먼저 배우고 나서 글을 배우는 것과 같은 이치입니다. 그래서 아이들은 먼저 '하나, 둘, 셋, …' 또는 '일, 이, 삼, …'과 같은 단어를 익혀야 합니다.

하지만 수 단어를 말하고 숫자를 쓸 수 있다고 해서 수 세기가 가능한 것은 아닙니다. 간혹 다음과 같이 말하는 부모를 목격합니다.

"세 살배기 우리 동현이는 벌써 이십까지 말한답니다. 아빠를 닮아서인지 수학적 재능이 있나 봐요."

일찍부터 말문이 트인 똑똑한 아들이 대견스럽기만 한 동현이 엄마의 아들 자랑은 충분히 이해할 수 있습니다. 하지만 동현이 엄마는 지나친 기대를 하는 것 같네요. 하나부터 열까지 또는 일부터 백까지의 수 단어를 암기하여 줄줄 말하는 것은 수 세기 활동의 첫 번째 단계에 지나지 않으며, 그 자체를 온전한 수학적 활동이라 말할 수 없으니까요.

수 세기 능력의 형성에는 그 다음 단계가 필요한데, 이미 알고 있는 수 단어와 세려는 대상을 각각 하나씩 짝을 짓는 것을 말합니다. 이를 '일대일 대응'이라고 합니다. 예를 들어 다음 그림에서 동그라미를 왼쪽부터 하나씩 가리키며 하나, 둘, 셋이라는 수 단어와 짝을 짓는 것을 말합니다.

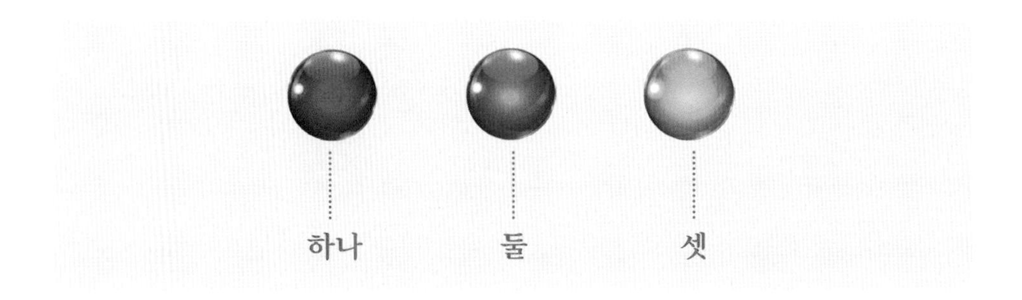

이때 마지막으로 대응시킨 수 단어(위의 그림에서는 셋)가 헤아리고자 하는 대상의 전체 개수를 뜻한다는 사실까지 파악해야만 비로소 온전한 수 세기가 이루어질 수 있습니다.

일대일 대응에 의한 수 세기 활동은 아주 어린 시절부터 부모와 함께 생활 속에서 자연스럽게 학습한다는 사실을 이미 언급한 바 있습니다. 아기의 얼굴을 짚으며 코는 하나, 눈은 둘, 손가락은 다섯과 같이 신체 부위로부터 시작된 수 세기는, 점차 주위의 사물로 확대되는 경험을 쌓아가게 됩니다. 처음에는 다섯 이하에 집중되다가 점차 다섯을 넘는 수로 확장해갑니다. 집 근처 계단을 오르면서 부모와 아이가 각 계단마다 수 단어를 차례로 대응시키며 "하나, 둘, 셋, …, 일곱, 여덟"을 세어보는 장면은 그리 낯설지 않습니다. 이러한 '일대일 대응'은 단순해보이지만 수 세기에 들어 있는 수학적 원리이자, 무한의 개수를 헤아리는 수학자들의 전문적인 수 세기의 기본 원리로까지 이어집니다.

그런데 이처럼 헤아리고자 하는 대상을 일일이 짚어가며 '하나, 둘, 셋, 넷, 다섯'까지의 수 단어와 일대일 대응을 하는 경험이 반복해 쌓이다 보면, 어느 순간부터 일일이 세어볼 필요 없이 한눈에 대상 전체의 개수를 파악할 수 있는 '직관적 수 세기' 능력을 갖추게 됩니다.

예를 들면 위의 그림에서 딸기와 사과의 개수를 셀 때 처음에는 하나씩 짚어가며 수 단어와 일대일로 짝짓기를 하지만, 점차 경험이 반복되면 어느 순간 헤아리려는 대상 전체를 머릿속에서 이미지로 그릴 수 있게 됩니다. 전체가 한눈에 들어오는 그때, 굳이 일대일 대응을 하지 않고도 즉각 '세 개', '네 개'라고 답할 수 있는 직관적 수세기의 단계에 도달하게 되는 것입니다. 물론 대부분 그 개수가 다섯을 넘지 않는 대상에 국한되지만.

어른들에게는 수 세기 활동이 숨 쉬고 걸어 다니는 일상 행동처럼 자동화되어 있습니다. 하지만 이는 학습된 행동이라는 점에서 선천적으로 타고난 수 감각과는 구별됩니다. 수 세기는 오랜 시간에 걸쳐 이룩한 수 단어의 발명과, 일대일 방식이라는 획기적인 수학적 발견이 함께 어우러져 탄생한 인류 문명의 걸작입니다.

수 세기의 탄생으로, 인류는 까마귀보다 그리 낫다고 할 수 없는 보잘 것 없는 수 감각으로부터 현대 과학문명에 이르는 대장정에 나설 수 있었습니다. 수 세기가 가능하지 않았다면 오늘날 인류의 거대한 문명도 존재할 수 없었을 테니까요. 따라서 세상에 태어난 아이가 이를 학습하기 위해 시간과 노력을 기울여야 하는 것은 지극히 당연합니다.

그래서 전 세계의 부모들은 아이가 학교에 들어가기 전부터 열심히 수 단어 읽는 법을 가르칩니다. 그런데 잘 알려져 있지 않지만, 우리 아이들은 수 단어 학습에 있어 다른 나라 아이들에 비해 매우 불리한 위치에 놓여 있습니다. 왜 그럴까요?

06

어른들이 모르는 숫자 읽기의 어려움

2014년 9월 15일자 미국「월스트리트 저널」에는 '수학에 가장 적합한 언어the Best Language for Math'라는 제목의 칼럼이 게재되었습니다. 다음은 그 기사의 일부입니다.

> 동양인이 서양인보다 수학을 잘하는 이유는 동양인의 언어가 숫자를 읽기에 적합하기 때문이다. 한국인들은 일, 이, 삼, 사, 오, 육, 칠, 팔, 구, 십이라는 열 개의 단어로 백 미만의 모든 숫자를 표현할 수 있다. 반면 영어로 그 숫자들을 표현하려면 적어도 스물네 개 이상의 단어가 필요하다. 따라서 한자 문화권에 속한 나라의 학생들은 어렸을 때부터 수 세기를 쉽게 익힐 수 있고, 자라면서도 수학을 더 잘할 수밖에 없다.

THE WALL STREET JOURNAL.

English Edition | Print Edition | Video | Podcasts | Latest Headlines

Home World U.S. Politics Economy Business Tech Markets Opinion Life & Arts Real Estate WSJ. Magazine

The Best Language for Math

Confusing English Number Words Are Linked to Weaker Skills

Turkish students at a school in Istanbul. The Turkish language expresses some math concepts more clearly than English does.
AGENCE FRANCE-PRESSE/GETTY IMAGES

By Sue Shellenbarger
Updated Sept. 15, 2014 3:44 pm ET

What's the best language for learning math? Hint: You're not reading it.

Chinese, Japanese, Korean and Turkish use simpler number words and express math concepts more clearly than English, making it easier for small children to learn counting and arithmetic, research shows.

「월스트리트 저널」 인터넷판 캡처

바다 건너 한국 관련 기사에 항상 촉각을 세우는 우리 언론이 이런 기사를 놓칠 리 없겠죠. 그날 저녁 뉴스방송에서는 칼럼니스트 수 셸런바거Sue Shellenbarger의 글을 인용하는 기자의 자부심에 들뜬 목소리가 전파를 탔고, 다음날 일간지들도 이를 크게 보도하였습니다. 언론은 국민들에게 한국어의 우수성과 한국 학생들의 뛰어난 수학실력에 대한 자부심을 고취시키려는 듯 이 칼럼을 그대로 소개했습니다.

「월스트리트 저널」의 권위 때문이었을까요? 수 셸렌바거 기자의 칼럼에 의문을 제기하는 보도는 찾아볼 수 없었습니다. 그가 한국어를 얼마나 제대로 알고 있는지, 우리 아이들이 다른 나라 아이들보다 수 세기를 쉽게 익힌다는 판단이 과연 정확한지, 더 나아가 "수 세기를 쉽게 익힐 수 있다면 수학을 더 잘 할 수 있다"는 주장이 옳은 것인가에 대해 따져보는 사람은 아무도 없었으니까요.

과연 수 셀렌바거 칼럼에 오류나 비약은 없는 것일까요? 이 의문에 답하기 위해 시계 읽기의 예를 들어봅시다.

다음 그림의 시계가 몇 시 몇 분을 가리키는지 읽어보세요.

물론 10(열)시 10(십)분이라고 읽어야 합니다! 왜 '십 시 십 분' 또는 '열 시 열 분'이라고 읽지 않을까요? 한 번도 이런 의문을 품은 적이 없었나요?

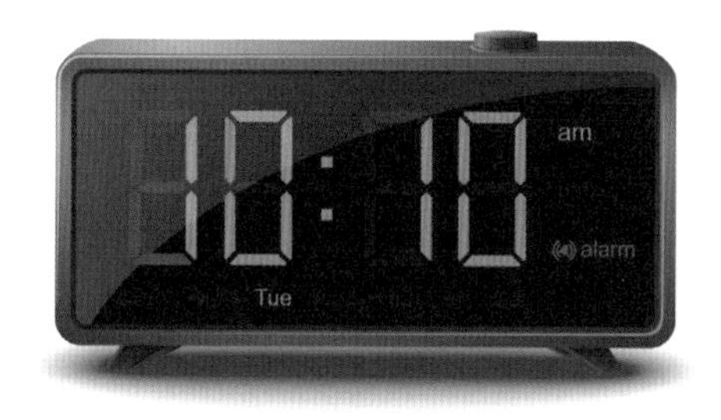

'열 시 십 분'이라고 읽는 것이 당연하지만, 숫자를 갓 배우기 시작한 유치원생이나 초등학교 저학년들에게는 결코 쉬운 문제가 아닙니다. 우리말을 처음 배우는 외국인들도 마찬가지인데요, 10이라는 똑같은 숫자라도 시간을 말할 때와 분을 말할 때 읽는 방법이 다르다는 사실을 이해하지 못해 가끔 실수를 범합니다.

시간을 말할 때는 한 시, 두 시, 세 시…라고 순우리말로 읽어야 하지만, 분을 말할 때에는 일 분, 이 분, 삼 분…이라고 한자어로 읽어야 합니다. 수 세기 단어에서 나타나는 우리말과 한자어의 이중구조는 같은 한자어권에 속하는 이웃나라 일본에서도 발견됩니다. 원래 있던 토착어와 새로 도입된 중국 한자가 충돌하여 나타난 현상입니다. 사실 어른들은 이 두 종류의 수 단어에 너무나 익숙해져 이중구조인지조차 인식하지 못하는 경우가 많습니다. 하지만 아이들은 다릅니다.

다음 숫자를 읽어보세요.

2일 동안 2사람이 2층에서 2개의 소파에서 잠을 잤다

이 일 동안 두 사람이 이 층에서 두 개의 소파에서 잠을 잤다

같은 숫자 2로 표기하였지만 각각 다르게 읽어야 합니다. 이처럼 숫자를 주어진 상황에 따라 그 쓰임새를 구분해 정확하게 읽는 것을 터득하기까지는 꽤 많은 시간과 노력이 필요합니다. 실제로 현장에서 아이들을 지도하는 초등학교 선생님에 따르면, 1학년 가운데 다섯(5) 사람을 오(5) 사람이라고 하거나, 오(5)인분을 다섯(5) 인분이라고 말하는 아이들이 상당수 있다고 합니다.

그럼에도 숫자를 처음 가르치는 1학교 교과서에는 수 단어 읽기의 이중구조 때문에 아이들이 겪는 어려움이 반영되지 않았습니다. 아이들 스스로 각자 터득할 수밖에 없는데, 그 결과 2, 3학년에서도 우리말과 한자어 수 단어를 상황에 맞게 사용하지 못하는 아이들을 찾아볼 수 있다고 합니다. 따라서 가정에서는 아이들 관점에서 수 단어 읽기의 이중구조를 이해하도록 도와주는 것이 필요합니다.

그런데 흥미로운 것은 아이들이 수 단어를 익히는 과정에서 연령별 차이를 보인다는 점입니다.

다음에 제시된 그래프에 의하면, 만 두 살 정도의 아이들은 평균적으로 우리말 수 세기가 '넷'까지 가능하지만, 한자어로 개수 세기는 '일'만 압니다. 이 조사는 상황에 맞게 수 단어를 구분하여 사용하느냐가 아니라 단지 단어를 말할 수 있는가에 대한 평균치이므로, 개인차가 있겠지만 처음 수 단어를 익힐 때는 한자어보다 우리말을 더 빨리 습득한다는 점은 분명합니다. 아마도 "코는 하나요, 눈은 두 개요"라든가 "셋까지 셀 동안 식탁에 와야 한다"와 같이 가족과 함께하는 일상적 대화에서 순우리말 수 단어를 더 많이 접하기 때문이라 짐작됩니다.

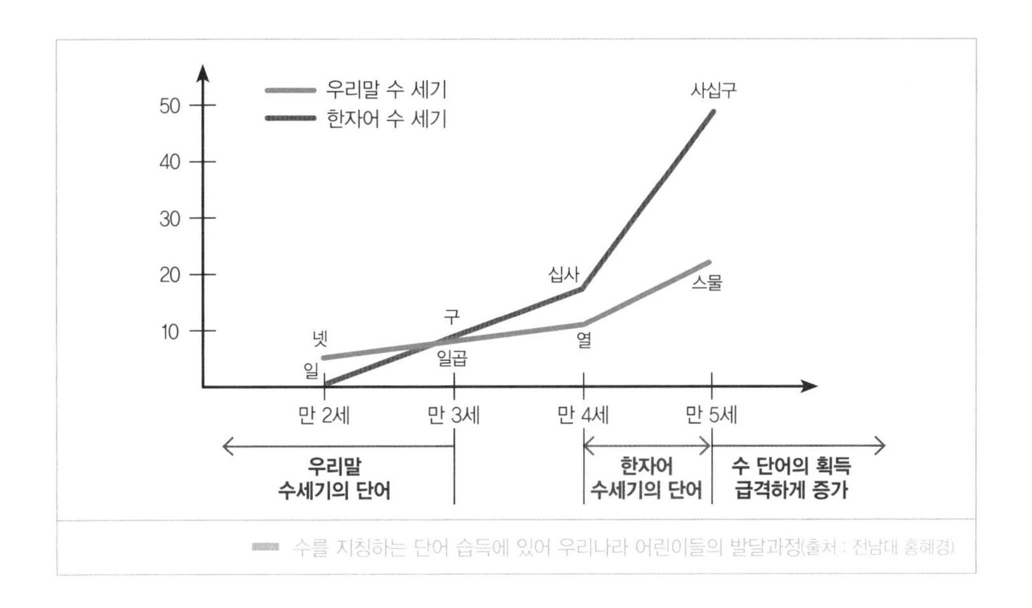

수를 지칭하는 단어 습득에 있어 우리나라 어린이들의 발달과정(출처 : 전남대 홍혜경)

만 세 살에 이르면, 아이들이 습득한 우리말 수 단어는 '일곱'까지, 한자어 수 단어는 '구'까지 확장됩니다. 한자어가 조금 더 많아지는 현상이 나타나는데, 시간이 흐르면서 그 격차는 점점 더 커집니다. 만 네 살이 되면 각각 '열'과 '십사'까지 셀 수 있고, 네 살 이후에는 급격히 차이가 벌어져 다섯 살에는 '스물'과 '사십구'까지 말할 수 있게 됩니다.

왜 이러한 차이가 나타날까요?

한자어와 우리말의 구조적 차이 때문입니다. 한자어 수 세기 단어는 '일, 이, 삼, …, 구, 십'의 열 개 단어만 익히면 나머지는 규칙에 따라 자동으로 생성할 수 있습니다. 예를 들어 20은 십이 두 개, 30은 십이 세 개, 이런 식으로 단순하게 이십, 삼십, 사십, …으로 읽을 수 있죠.

그에 반해 우리말 수 단어는 스물, 서른, 마흔, 쉰, 예순, 일흔, 여든, 아흔 등 전혀 규칙성을 찾을 수 없습니다. 따라서 우리말 수 단어들은 각각을 일일이 암기하는 수밖에 없습니다. 실제로 아이들은 서른과 마흔을 혼동하고, 예순과 일흔을 어려워합니다.

이는 십의 자리와 일의 자리의 조합에서도 그대로 적용됩니다. 예를 들어 사십삼(43)은 십이 네 개이므로 '사십'이고 일의 자리는 '삼', 따라서 둘을 결합하여 차례로 읽으면 됩니다. 반면에 순우리말은 40을 나타내는 새로운 단어 '마흔'과 3을 나타내는 단어 '셋'을 결합해 '마흔셋'이라고 읽어야 합니다. 우리말 수 단어를 익히려면 규칙을 이해하기보다는 새로운 단어를 외워야 하는 부담을 안을 수밖에 없습니다.

「월스트리트 저널」의 칼럼니스트인 수 셸런바거가 수 단어에 내재되어 있는 이러한 이중구조를 과연 제대로 이해하였을까요? 유감스럽게도 그의 칼럼은 겉으로 드러난 우리 아이들의 높은 수학성적에 맞추어, 사실보다는 추측에 의존해 짜맞춘 결론을 내렸던 것입니다. 처음 수 세기를 시작하는 우리 아이들은 수 단어에 내재된 이중구조 때문에 다른 나라 아이들에 비해 시간과 노력을 더 들여야 하는 힘든 학습과정을 겪어야 합니다.

수 단어의 이중구조로 인해 겪는 어려움을 극복하기 위한 활동을 소개하면 다음과 같습니다.

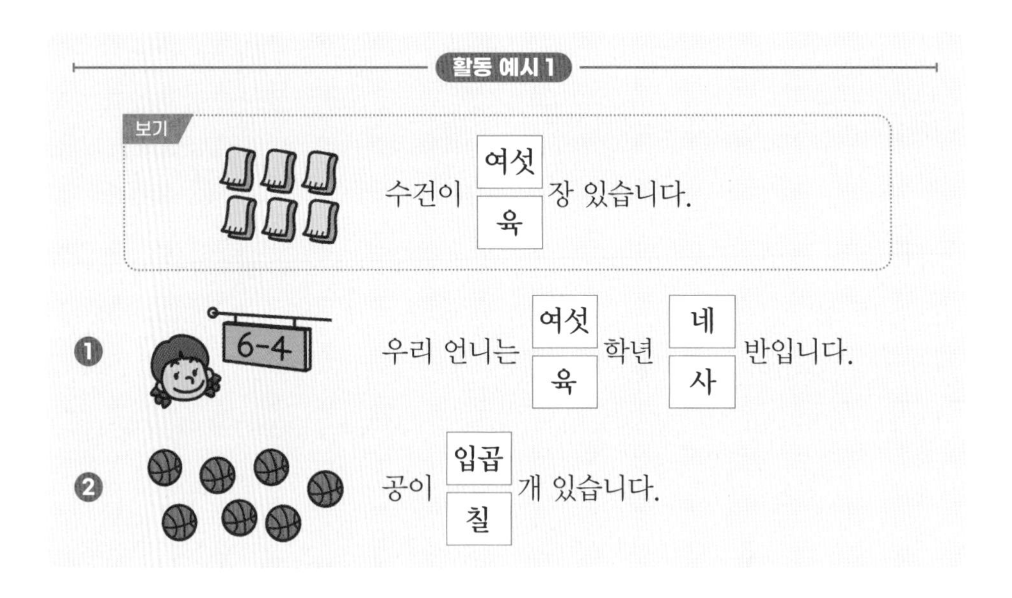

③ 

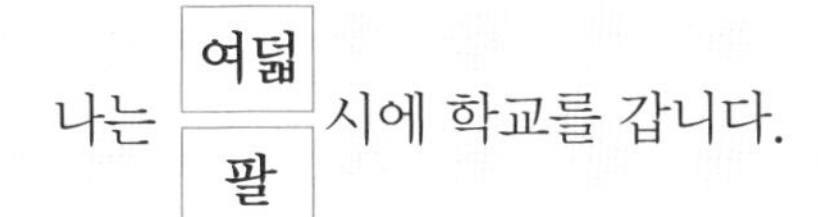
나는 [여덟 / 팔] 시에 학교를 갑니다.

④ 

이 버스는 우리 동네로 가는 [아홉 / 구] 번 버스입니다.

버스에 사람이 [다섯 / 오] 명 타고 있습니다.

활동 예시 2

♣ **문장에 나오는 수를 바르게 읽어보세요.**

11(십일/열하나)월 19(십구/열아홉)일 오늘은 반별 체육대회가 있다.
우리 반은 여학생 12(십이/열두)명, 남학생 14(십사/열네)명이 참가한다.
오전 9(구/아홉)시에 시작하여 오후 12(십이/열두)시에 끝난다.

위의 활동 예시와 같이 상황을 통해 어떤 단어를 사용하는 것이 적절한가를 체험하는 기회를 제공하도록 합니다.

지금까지 생애 최초로 접하는 수학 기호로서의 아라비아 숫자와, 최초의 수학적 사고라 할 수 있는 수 세기에 대하여 살펴보았습니다. 그런데 이 두 요소가 결합하면 생애 최초로 만나게 되는 수학식인 덧셈식과 뺄셈식으로 이어집니다. 수 세기가 어떻게 수학식으로 연계되는지 다음 장에서 살펴봅시다.

일대일 대응 : 무한을 헤아리다

일대일 대응

수 세기의 핵심은 '일대일 대응'입니다. 우리 주변에서 발견할 수 있는 일대일 대응의 예로 가톨릭에서 기도할 때 사용하는 묵주가 있습니다. 50개의 작은 알로 만들어진 묵주는 10개씩 다섯 개의 마디로 구성되어 있습니다. 각 마디는 굵은 묵주 알로 구분되는데, 작은 묵주 알을 넘기면서 '성모송'을 암송하고, 10개째 묵주 알마다 '영광송'을, 굵은 묵주 알에 이르러서는 '주님의 기도'를 암송합니다. 묵주의 구슬을 하나씩 넘기며 기도함으로써, 일일이 헤아리지 않아도 빠뜨리지 않고 모든 기도문을 암송할 수 있으니, 카톨릭의 묵주는 일대일 대응을 잘 활용한 물리적 도구인 셈입니다.

이로 미루어 짐작컨대, 일대일 대응은 숫자가 탄생하기 훨씬 전부터 알려졌을 겁니다. 과일나무에서 식구 수만큼 열매를 따려 할 때도 수량을 헤아려야 했을 테니, 인류 문명의 역사는 수를 헤아릴 필요성과 함께 시작되었다고 해도 틀리지 않을 겁니다.

어느 때인가, 누군가가 무심코 눈금을 매기기 시작했습니다. 매일같이 자신이 기르는 양들이 무사히 돌아왔는지 확인하려는 어느 양치기가 그랬을까요? 어쩌면 그는 양을 우리에 한 마리씩 들여보내며 입구에 세워진 기둥에 날카로운 돌조각으로 눈금을 한 개씩 새겨 넣었을지도 모릅니다. 그리고 다음날부터는 양을 우리에 한 마리씩 들여보내며 눈금이 새겨진 자리를 손가락으로 하나씩 짚어가면 된다는 것을 알게 되었습니다. 양떼가 모두 우리에 들어갔는데도 아직 짚어야 할 눈금이 남아 있다면, 남은 눈금 수만큼의 양들이 들판을 헤매고 있거나 늑대 같은 맹수에게 희생된 것이겠죠. 새끼 양이 새로 태어나면 그에 맞추어 새로운 눈금을 새겨 넣으면 되었습니다.

일대일 대응에 의한 눈금 매기기는 꽤 오랜 시간이 흘러 매우 높은 수준으로 발전하였음을 '이샹고

이샹고의 뼈 사진

뼈'에서 확인할 수 있습니다. 이 고대 수학의 유물은 아프리카 콩고에서 발견되었는데 기원전 20,000년 경의 것으로 추정됩니다.

수 개념이 형성되면서 어떤 대상의 개수를 세어 수량을 파악할 도구가 필요했고, 그것이 마침내 숫자의 발명으로 이어졌다는 사실, 그리고 이 모든 것의 첫걸음은 '일대일 대응'의 발견이라는 관점이 틀리지 않다면, 지나친 단순화의 위험성을 무릅쓰고 수학이 '일대일 대응'에서 시작되었다고 감히 선언해도 큰 문제는 없으리라 봅니다. 어린 유아의 수 세기 발달 과정에서 인류의 수 개념 형성과정의 단서를 발견할 수 있으니, "개체 발생은 계통 발생을 따른다"는 19세기 독일의 동물학자 헤켈의 담대한 선언에도 고개를 끄덕거릴 수 있습니다.

그런데 '일대일 대응'은 단순히 일상적인 수 세기에 그치지 않았습니다. 이를 뛰어넘어 무한의 세계로 나아가는 통로가 되었습니다. 유한의 세계에 사는 인간에게 무한은, 대상이 무엇인지 실체도 뚜렷하지 않고 그 끝도 알 수 없는 두려움의 대상이 아닐 수 없습니다. 그런데 무한의 개수를 세는 것은 제쳐두고 '무한의 개수'라는 용어 자체가 과연 온당하기나 한 것일까라는 의문이 듭니다.

대상을 하나씩 짚으며 수 단어와 짝을 짓는 일대일 대응에 의해 마지막 대상에 대응시킨 수 단어가 곧 전체 개수를 뜻하는 수 세기가 과연 무한집합에도 적용 가능할까요?

예를 들어 다음과 같은 틀을 설정하여 모든 자연수를 이 집합 안에 가두어봅시다.

{ 1, 2, 3, … 99, 100, …}

어떤 수가 자연수라면, 그 수는 분명히 이 안에 들어 있습니다. 그리고 이 안에 들어 있는 수를 임의로 선택하여도 그 수는 분명히 자연수입니다. 이제 그 개수를 세어볼까요? 하나, 둘, 셋, …. 하지만 난감합니다. 언제 끝날지 도무지 알 수가 없으니 말입니다. 무한개의 개수를 센다는 것 자체가 애초부터 헛된 시도가 아니었는지 슬슬 불안감이 밀려오기 시작합니다. 유한한 우리 인간이 감히 무한의 세계에 도전하는 것 아닌가 하는 두려움이 드리워지는군요. 이전의 수학자들도 다르지 않았습니다.

무한을 세다

고대 그리스 시대 이후 손꼽히는 수학자와 철학자들에게도 무한의 세계는 두려움과 고통의 대상이었습니다. 갈릴레이도 자연수가 무한개임을 알고 있었습니다. 짝수들의 개수 또한 무한이라는 것도 알고 있었습니다. 그런데 짝수가 자연수의 부분집합이므로, 무한집합 안에 또 다른 무한집합이 포함되어 있다는 사실을 받아들이기 어려웠습니다. 그래서 그는 "무한은 본질상 우리가 이해할 수 없는 개념이다"라고 말했던 것이죠.

미적분학의 창시자인 라이프니치도 자연수의 개수가 몇 개인가라는 생각 자체가 자기모순이므로 더 이상 생각할 수 없다고 토로했습니다. 수학의 황제라는 가우스도 다르지 않았습니다. 그는 무한에 대한 자신의 두려움을 다음과 같이 표현하였습니다.

독일의 수학자 칸토르

"무한을 하나의 수량으로 인식하는 것은 불가능하다. … 그것은 수학에서 받아들이기 어려운 주제다."

실현 불가능한 것처럼 보였기에 절망적인 상태로 빠져들었습니다. 무한 개념을 극복하지 못하면 수학은 더 이상 발전할 수 없었으니까요. 누군가가 이 장애물을 뛰어넘을 수 있는 다리를 개설해야 했습니다.

물론 그 다리는 쉽게 세워지지 않았습니다. 이를 위해서는 상식을 뛰어넘는 엉뚱한 발상과 번뜩이는 직관을 소유한 천재가 나서야 했습니다. 그리고 상식을 뛰어넘기 위해 용기도 갖춘 '영웅'의 탄생을 기다려야 했습니다. 19세기가 저물며 새로운 20세기가 막 시작되기 직전 등장한 독일의 수학자 칸토르는 시대가 요구하는 그런 인물이었습니다.

그가 무한의 세계를 다루는 방식은 의외로 간단합니다. 무한집합 속의 원소의 개수를 일일이 세어보는 것이 불가능하다는 사실을 잘 알고 있던 그는 무언가 다른 해결책을 강구해야만 했습니다. 난관에 맞닥뜨리면 처음으로 돌아가는 것이 상책이라는 평범한 진리를 그는 그냥 지나치지 않았는데, 그것은 바로 두 집합 사이의 원소를 하나씩 짝을 지어보는 일대일 대응이었습니다.

예를 들어 두 집합의 원소 개수는 각각 3개로 동일합니다. 그런데 원소의 개수가 같다는 사실을 일대일 대응에 의해 나타낼 수도 있습니다.

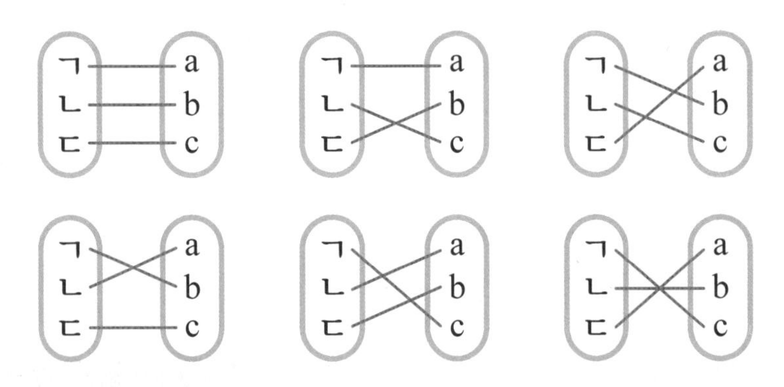

그림에서와 같이 각 집합에 들어 있는 원소들을 하나씩 짝짓기하는 일대일 대응 방식은 모두 6가지입니다. 어쨌든 그 어떤 경우에도 일대일 대응을 시도한 결과 남거나 모자라는 원소가 없으므로 다음과 같은 결론을 얻을 수 있습니다.

"일대일 대응이 되는 두 집합의 원소의 개수는 같다."

칸토르의 위대함은 이를 유한집합에만 그치지 않고 무한집합에까지 밀어붙인 용기에 있었습니다. 그의 무한에 대한 접근방식이 얼마나 대단한 위력을 발휘하는지, 갈릴레이가 두려워 포기했던 문제에 적용해봅시다. 갈릴레이가 해결할 수 없었던 딜레마는 다음과 같은 것이었습니다.

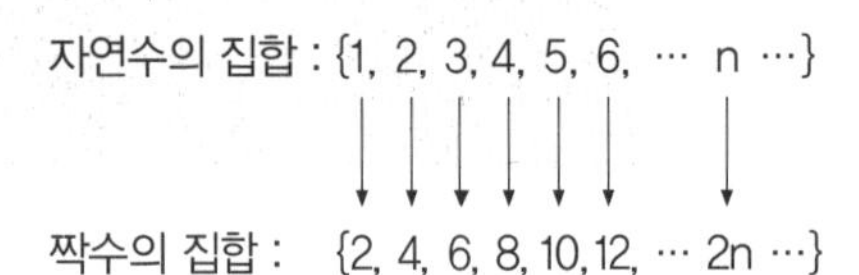

자연수 하나에 대응하는 짝수가 하나 있고, 역으로 짝수 하나에 대응하는 자연수도 오직 하나밖에 없으므로 일대일 대응입니다. 그런데 자연수는 짝수와 홀수 두 가지로 분류되므로, 틀림없이 짝수의 집합은 자연수 집합의 부분집합입니다. 갈릴레이는 바로 이 지점에서 포기하고 말았던 것입니다.

하지만 칸토르는 여기서 머뭇거리지 않고 과감하게 밀어붙였습니다. "짝수의 집합이 자연수 집합의 부분집합인 것은 분명한 사실이다, 그리고 두 집합 사이에 일대일 대응 관계가 존재하는 것도 분명한 사실이다, 그러므로 두 집합의 원소의 개수, 즉 자연수와 짝수는 개수가 서로 같다"고 선언한 것입니다.

물론 유한집합에서는 결코 성립할 수 없는 결론입니다. 어느 하나가 다른 것의 부분이라면 일대일 대응 관계가 성립할 수 없으며, 만일 일대일 대응 관계가 성립한다면 두 집합의 원소의 개수는 같으므로 부분이 될 수 없기 때문입니다. 그런데 지금 우리는 이 두 가지 상황이 공존하는 것을 목격하였는데, 그것은 무한집합이기 때문에 나타나는 현상이며, 따라서 바로 이것이야말로 무한의 특성이라 할 수 있는 것입니다.

어느 것이 다른 것의 부분이라는 사실을 부정하지 맙시다. 그것은 우리 눈에 드러나는 명백한 사실이니까요. 단지 일대일 대응 관계가 성립한다는 사실에만 초점을 두는 것입니다. 한 집합의 원소 하나에 다른 집합의 원소를 오직 하나만 대응시킬 수 있고, 그 역도 성립한다는 사실에만 주목하면 다음과 같은 결론을 얻을 수 있습니다.

"두 집합의 크기, 즉 원소의 개수는 같다."

그러나 곧바로 '부분이 전체와 같다'는 이상한 결과가 나오지 않느냐는 이의제기가 이어집니다. 이에 대하여 칸토르는 다음과 같은 추론을 전개합니다.

"유한의 세계에서는 '부분이 전체와 같다'는 말은 분명 오류다. 하지만 무한에서는 그렇지 않다. 두 무한집합의 크기가 동일, 즉 원소의 개수가 같다는 것을 판단하는 근거로 일대일 대응 관계를 받아들이기만 하면 된다. 개수가 동일하다는 것의 판단은 오직 일대일 대응 관계만을 준거로 하자. 그렇다면 논리적으로 아무런 문제가 발생하지 않는다. 자연수들의 개수와 짝수들의 개수가 같다는 사실이 불합리하게 인식되는 것은, 우리가 그동안 유한집합의 테두리 안에서 추론하며 획득해온 습관적인 사고에서 비롯한 것일 뿐이다."

전통적으로 유한에만 적용되는 사고에 젖어 있던 당시 수학자들은 칸토르의 이러한 파격적인 제안을 도저히 이해할 수 없었습니다. 칸토로의 접근방식을 따르면, 여기서 한 걸음 더 나아가 무한집합에 대하여 다음과 같은 새로운 정의를 추가할 수 있습니다.

"무한집합은 자신의 부분집합과 일대일 대응 관계를 이룰 수 있는 집합이다."

사실 무한집합을 원소의 개수가 무한인 집합이라고 말하는 것은 아무런 의미가 없는 동어반복에 지나지 않습니다. 하지만 이 정의에 의해 무한집합은 이제 유한집합과 완벽하게 결별할 수 있습니다. 그러므로 자연수 집합을 무한집합이라고 말하는 것은 이전과 동일하지만, 이제부터는 그 이유를 "자신의 부분집합인 짝수의 집합과 일대일 대응 관계를 이룬다"는 사실에서 찾을 수 있습니다.

칸토르의 이야기는 계속 이어지지만 여기서 줄입니다. 얼핏 단순해 보이는 일대일 대응의 원리가 20세기 수학이 새로운 전환점을 맞이하는 계기가 되었을 만큼 중요하다는 사실은 충분히 설명이 되었으리라 봅니다.

어른들을 위한 초등수학

03

길거리수학과 학교수학

01

수학을 배우는 이유?

수학을 배우는 이유 중 하나가 실생활에 필요하기 때문이라고들 합니다. 특히 초등학교 수학은 실생활에서 유용하므로 중요하다는 주장에 많은 사람들이 고개를 끄덕입니다. 덧셈, 뺄셈, 곱셈, 나눗셈을 떠올려보면 그럴 것도 같습니다. 그래서 초등학생에게 빠르고 정확한 계산 능력을 강조하는 것에 저항감을 갖기는커녕 오히려 장려해야 한다는 사람이 많습니다.

하지만 정보통신시대라는 21세기인 지금도 과연 그럴까요?

실생활에 쓸모 있으므로 배워야 한다는 주장은, 수학뿐 아니라 모든 과목들이 정말 삶에 꼭 필요하기에 학교 교육과정으로 선택된 것일까라는 근본적인 물음으로 확장할 수 있습니다. 과연 학교에서 음악을 배우는 이유가 실생활에 필요하기 때문일까요? 국어시간에 배웠던 시와 소설은요? 열심히 암기했던 사회 지식과 과학 원리들이 살아가는 데 얼마나 필요했나요? 과연 이때의 '필요'란 무엇을 뜻할까요?

같은 질문을 학교 수학에도 던질 수 있습니다. 그토록 어렵게 배운 인수분해, 이차방정식, 피타고라스 정리, 미분과 적분 등의 지식이 일상 생활에서 필요했던 경험을 얼마나 떠올릴 수 있나요?

초등학교 때의 수학시간도 떠올려 보세요. 놀고 싶은 것을 억지로 참고 어렵게 배웠던 $1\frac{3}{2} \times 2\frac{11}{5}$, $3\frac{2}{5} \div \frac{11}{7}$과 같은 분수의 곱셈과 나눗셈을 실제 생활에서 써보았나요? $1\frac{2}{3} + \frac{11}{2}$, $4\frac{2}{5} - 1\frac{5}{3}$와 같은 분수의 덧셈과 뺄셈은요? 아마도 시험 치를 때를 제외하고는 필요했던 기억이 떠오르지 않을 겁니다. 자연수의 사칙연산도 마찬가지랍니다. 초등학교 교과서에서 볼 수 있는 다음 문제를 보세요.

$$72 \div (5 \times 2 - 2) - (13 - 5 \times 2 + 7) \div 5 + 3 \times 2 =$$

역시나 일상생활에서 이렇게 복잡한 문제를 풀어야 할 상황에 맞닥뜨린 적도 없었겠지만, 설혹 이런 상황이 닥친다 해도 손에 들고 있는 휴대전화를 꺼내 계산기 기능으로 답을 얻으려 할 것입니다.

사실 실생활에 필요한 수학적 지식이나 기능은 학교수학의 내용과는 거리가 멉니다. 이 둘 사이의 관계는 자동차 운전기능과 자동차의 작동원리에 비유할 수 있습니다. 실생활에서의 필요만 강조한다면, 굳이 자동차가 움직이는 원리까지 알 필요는 없습니다. 학교수학, 심지어 초등학교 수학에서 강조되는 덧셈, 뺄셈, 곱셈, 나눗셈조차도 실생활에서 적용되는 계산과는 구별되어야 마땅합니다. 이들이 어떻게 다른지 이해해야만 아이들이 학교수학에서 겪는 어려움도 이해할 수 있습니다.

이 책에서는 학교수학의 참모습이 무엇인지, 특히 초등학교의 사칙연산을 중심으로 그 정체성을 드러내 밝혀주는 새로운 시도를 감행하고자 합니다. 이를 위해 잠시 멀리 지구 반대편 남미의 브라질로 떠나봅니다.

02

브라질 헤시피 거리에서 수학을

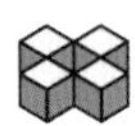

1993년 영국 옥스퍼드 대학의 테레지나 누네스Terezinha Nunes는 브라질 북동부 해변에 위치한 항구도시 헤시피Recife를 방문합니다. 브라질 4대 도시 가운데 하나인 헤시피는 브라질의 베네치아로 불리는 아름다운 곳이지만, 여느 대도시처럼 인구 밀도가 상당히 높은 지역입니다. 일자리를 구하기 위해 몰려든 농촌 사람들 때문에 인구가 폭발적으로 증가하는 심각한 문제에 직면할 수밖에 없었습니다.

한꺼번에 사람들이 몰려들면서 마땅한 일자리를 구할 수 없었던 이주민들 상당수는 도심 한복판에서 행상이나 구두수선, 심지어 구걸까지 하며 생계를 유지했습니다. 사정이 이렇다 보니 아이들도 편안히 학교를 다닐 수 없을 수밖에요. 결국 거리로 내몰린 아이들은 길거리에서 땅콩, 팝콘, 코코넛 우유, 구운 옥수수 같은 간식거리를 팔며 부모를 도왔습니다.

당시 브라질을 방문했던 누네스는 소음과 사람으로 가득찬 복잡한 도심 한복판에서 이 아이들과 마주쳤습니다. 누네스는 코코넛을 팔던 열두 살가량의 아이에게 다가가 말을 건넸습니다.

“코코넛 한 개는 얼마지?”

아이는 땀과 먼지로 얼룩진 얼굴에 미소를 띠며 답했습니다.

“35Cr$요.”

"열 개를 사고 싶은데, 모두 얼마야?“

아이는 잠시 생각하더니 이내 답했습니다.

“3개가 105, 그리고 3개를 더하니까 210. (잠시 멈추더니) 4개를 더해야 하죠. 그러니까 (잠시 멈추고 나서) 315. 그래서 모두 350이요."

이때 누네스는 코코넛 10개 가격을 특이한 암산으로 구하는 아이의 행동에 관심을 가지게 되었습니다. 나중에 알았지만, 이 어린 행상인은 학교를 6년간 다녔다고 합니다. 학교교육을 받았음에도 아이는 학교에서 전통적으로 가르치는 풀이를 따르지 않고 자신만의 방식으로 코코넛 값을 구했는데, 그 독특한 계산 방식이 누네스의 눈에 띄었던 것입니다.

학교수학에서 곱셈 35×10은 35에 0을 붙여 매우 빠르게 답 350을 구할 수 있습니다. 하지만 아이는 학교수학의 효율적인 풀이 과정을 따르지 않았습니다. 학교에서 수학을 제대로 공부하지 않았을 거라는 의심이 들지만, 아이는 어쨌든 별 어려움 없이 자신만의 독특한 방식으로 정답을 구했습니다.

$$\begin{array}{r} 35 \\ \times\ 10 \\ \hline 350 \end{array}$$

뿐만 아니라 그가 스스로 터득한 풀이 과정도 학교수학 못지않게 수학적으로 의미 있는 훌륭한 것이었습니다. 아이는 코코넛 두 개 가격 70Cr$와 세 개 가격 105Cr$를 굳이 계산하지 않았는데, 그럴 필요가 없었기 때문입니다. 두 개 또는 세 개를 가장 많이 팔았던 터라 아이는 각각 얼마인지 자동으로 이미 암기하고 있었으니까요. 아이는 이를 토대로 코코넛 10개 값이라는 매우 이례적인 문제 상황을 본격적으로 해결하기로 결정합니다. 우선 코코넛 10개를 '3개, 3개, 3개, 1개'의 묶음으로 '가르기'를 시도합니다. 이제 아이는 이미 알고 있던 각각의 가격을 더하는 덧셈(105+105+105+35) 결과만 얻으면 됩니다. 앞에서부터 차례로 105+105=210, 210+105=315, 그리고 마지막으로 315+35=350을 실행하여 코코넛 열 개 가격인 350Cr$을 얻었습니다.

이를 본 누네스는 아이에게 다른 새로운 문제를 제시해보았습니다.

"코코넛 4개를 사려고 하는데, 얼마지?"

"105에 30를 더하니까 135…. 음, 그런데 한 개가 35이니까 5를 더해서… 140이에요."

앞에서와 같이 먼저 코코넛 4개를 3개와 1개의 묶음으로 가르기를 시행합니다. 이미 알고 있는 코코넛 3개 값 105에 나머지 한 개 값 35를 더하려는 의도입니다.

이때 35를 더하는 과정도 살펴보면, 먼저 30을 더하여 135, 그리고 나서 5를 덧붙여 140이라고 답합니다. 계산을 쉽게 하려고 십의 자리 숫자와 일의 자리 숫자를 분리하여 더하는 매우 영리한 전략을 구사하고 있습니다.

전통적인 학교수학의 풀이와는 거리가 멀지만 자신만의 독특한 방식으로 코코넛 10개와 4개의 값을 훌륭하게 구하는 아이의 깜찍한 계산 능력에 누네스는 감탄해 마지않았습니다. 그는 코코넛을 더 구입하려는 고객인 양 행세하며 아이에게 유사한 형식의 산수 문제를 여러 개 제시하였습니다. 그 결과를 100점 만점의 점수로 환산하였더니 98점이었습니다. 오답이 거의 없었던 것입니다.

이번에는 똑같은 문제를 학교수학 시간에 사용하는 학습지 형태로 제시하고 답을 알려달라고 아이에게 부탁했습니다. 예상과 전혀 달리 아이의 점수는 형편없었습니다. 코코넛 가격을 묻는 소위 응용문제는 74점이었고 단순 계산문제는 37점으로, 지필에 의한 계산문제에서 더 낮은 점수를 받았습니다.

예를 들어 아이는 코코넛 가격을 계산할 때와 똑같은 곱셈 문제인 35×4에 대하여 뜻밖의 반응을 보였는데, 달랑 '200'이라는 오답만 써넣은 것입니다. 200을 어떻게 얻었는지 물어보았더니 아이는 암산으로 계산하였다며 다음과 같이 설명하였습니다.

"5와 4를 곱하면 20이고 그래서 2를 3과 더하면 5, 그리고 5를 다시 4와 곱하면 20, 그러니까 200이에요."

길거리에서 코코넛 가격은 정확히 계산했음에도 학습지에서 필산으로는 엉뚱한 오답을 제시하는 아이의 반응을 과연 어떻게 설명할 수 있을까요?

$$\begin{array}{r} {}^{2}\\ 35 \\ \times\ \ 4 \\ \hline 200 \end{array}$$

아이는 학교에서 배운 그대로 먼저 일의 자리 숫자끼리의 곱인 5×4=20을 얻었습니다. 그리고 20의 2와, 35의 3을 더하여 5를 얻었습니다. 이 5와 4를 곱해 얻은 20을 십의 자리에 쓰고 일의 자리에 0을 넣어 200이라 답하였던 것입니다.

처음에 얻은 20에, 30과 4를 곱한 120을 더해야 함에도, 20과 30을 먼저 더해 버리는 오류를 범한 것입니다.

$$\begin{array}{r} {}^{2} \\ 35 \\ \times\ \ 4 \\ \hline 20 \\ 120 \\ \hline 140 \end{array}$$

아이는 학교에서 곱셈을 배울 때 왜 그런 절차를 밟아야 하는가를 이해하지 못한 채 절차만 따르는 훈련만 반복했을 가능성이 큽니다. 그래서 시간이 지나 누네스가 제시한 학습지를 풀이할 시점에는 그 절차를 정확하게 기억할 수 없었을 것입니다.

왜 그래야 하는지 이유를 알고 절차를 따랐을 경우에는, 설사 절차를 잊었더라도 금세 기억해낼 수 있고, 더 나아가 응용도 가능합니다. 단순 계산의 풀이 절차도 원리의 이해라는 토대 위에서 습득되어야만 지식의 내면화로 이어질 수 있는데, 그렇지 못한 아이는 길거리 행상에서는 계산 천재였음에도 교실에서의 지필 계산에서는 유감스럽게도 부진아로 전락하고 말았습니다.

똑같은 문제임에도 아이가 보였던 전혀 다른 반응에 대하여 누네스는 각각 길거리 수학street math과 학교수학school math이라고 구별하여 '길거리 수학'이라는 새로운 용어를 만들었습니다.

03

거리에서는 계산 천재, 교실에서는 수학 부진아

새로운 용어는 무심코 지나쳤던 현상을 새로운 각도에서 새로운 안목으로 바라볼 수 있게 해줍니다. 누네스가 제안한 '길거리 수학street math'이라는 용어는 그동안 학교수학이 얼마나 단단한 껍질에 둘러싸여 화석화했는지 새삼 되돌아보는 계기를 마련해주었습니다. 똑같은 학생이 똑같은 문제를 푸는데도, 학교 상황과 길거리 상황에서 전혀 다른 성취도를 보이는 모순되는 현상에 대하여 설명이 필요해졌기 때문입니다.

먼저 떠오르는 생각은, 학교 수학을 배우는 이유가 생활에 응용할 수 있기 때문이라는 주장이 무색해졌다는 것입니다. 실생활에 도움이 된 것은 학교 수학이 아니라 오히려 길거리 수학이었으니까요.

길거리 행상에서 보여준 아이의 탁월한 계산능력을 좀 더 분석해봅시다. 우선 아이는 코코넛 값을 계산할 때 자신이 사용하는 숫자들을 완벽하게 파악하여 자유자재로 구사할 수 있는 '수에 대한 감각'을 보유하고 있었습니다. 자연수 10을 3, 3, 3, 1의 네 묶음으로 가르는, 처음에 보였던 활동은 그동안 노점상 경험을 통해 자연스럽게 터득한 것이었죠. 이는 각각의 숫자가 무엇을 뜻하는지 충분히 이해하지 못하면 나타날 수 없는 반응이었습니다. 뿐만 아니라 이러한 가르기 활동에는 아이의 의도가 담겨 있습니다. 코코넛 3개의 가격이 105라는 것을 굳이 곱셈을 하지 않아도 이미 암기하여 알고 있던 아이는 코코넛 10개 가격을 계산하는 데 이를 이용하고자 하였습니다.

아이는 여기서 그치지 않고 한 걸음 더 나아가 이들 숫자를 대상으로 연산을 실행합니다. 이때 각각의 연산에 어떤 의미가 있는지 아이가 정확하게 파악하고 있었다는 사실에 주목합시다. 아이는 먼저 105와 30을 더하고 그 후에 5를 더하는 절차를 따랐는데, 이는 코코넛 한 개의 가격 35Cr$가 30과 5로 이루어졌음을 정확히 파악해야만 나타나는 반응입니다. 즉, 아이는 자릿값 개념을 확실히 이해하고 있었을 뿐만 아니라, 두 자리 자연수 덧셈에서 십의 자리부터 먼저 더하는 것이 더 간편하다는 사실도 나름 분명하게 깨닫고 있었습니다.

그럼에도 아이는 왜 학교수학에서는 부진아로 전락하게 되었을까요? 거리에서 코코넛을 판매하던 상황과 똑같은 문제가 제시된 학습지 지필 계산에서 아이는 왜 낮은 성취도를 보였을까요? 전통적인 학습지 문제풀이 상황에서는 계산 문제에 들어 있는 각각의 숫자와 연산 절차에 대한 의미를 충분히 고려할 시간과 기회를 주지 않았기 때문입니다. 거리에서 코코넛 값을 계산하는 상황과는 달리, 먼저 풀이를 위한 계산절차가 제시된 후에는 오로지 아이들은 정해진 계산절차를 따르는 것에만 집중할 수밖에 없습니다. 같은 연산임에도 아이가 학습지 문제를 전혀 다른 것으로 받아들였던 것은 이 때문입니다.

누네스가 관찰한 아이를 예로 들면 학교수학에서 곱셈 35×4를 실행할 때 5와 4의 곱인 20과, 30과 4의 곱인 120을 더하는 절차를 따르면 되는데 여기에는 '분배법칙'이라는 수학적 원리가 내재되어 있습니다.

이를 식으로 나타내면 다음과 같습니다.

$$35 \times 4 = (30 + 5) \times 4 = 30 \times 4 + 4 \times 5 = 120+20=140$$

그런데 아이는 자릿값에 따른 곱셈, 즉 십의 자리와 일의 자리를 왜 구분하여 더하는지를 이해하지 못한 채 절차상 혼동이 발생하여 오답을 제시하였습니다. 또한 코코넛 판매 상황에서는 각각의 숫자에 대한 의미를 파악하고 어떤 연산을 왜 하는가를 명쾌하게 이해하고 있었는 데 반해 학교수학 문제풀이에서는 오로지 이전에 배웠던 절차를 따르기에 급급했습니다.

실제로 학교에서 계산 문제에 어려움을 겪는, 소위 부진아들도 대부분 이와 유사한 오류를 범합니다. 왜 그런 절차를 따라 계산해야 하는지 이해하지 못했기 때문에 자신의 계산 절차가 잘못되었다는 사실조차 깨닫지 못하고 있으니까요. 아이들에게 오로지 정답에 이르는 절차만을 따르도록 강요한다면, 아이가 수학 부진아에서 벗어날 가능성은 희박할 수밖에 없습니다. 아이들에게 수 감각이 형성되도록 충분한 시간을 주고, 계산 절차보다 그 의미를 이해할 수 있도록 해야 합니다. 그러므로 숫자와 연산 기호만이 빼곡하게 채워진 시중의 계산문제집들은 오히려 수학 부진아에게 득보다 독이 될 수밖에 없습니다.

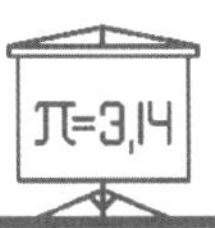

04

맥락이 연산 능력을 좌우한다

누네스의 연구는, 코코넛을 팔던 아이에게 길거리 수학은 '맥락context'을 제공해 주었던 반면 학교수학은 맥락이 결여된 채 숫자와 기호만 제시된 결과라고 요약할 수 있습니다. 결국 맥락의 파악이 연산 능력을 좌지우지한다는 것입니다. 사실 맥락은 수학뿐 아니라 모든 학습에서 중요한 요소입니다.

"참 잘 한다!"

대여섯 명의 수비수를 순식간에 따돌리고 40m를 질주하여 멋진 골을 넣는 손흥민의 활약이 눈앞에 펼쳐질 때 저절로 나오는 찬사입니다. 그런데 이 문장은 시험이 코앞인데 밤새 게임에 몰두하는 아들에게 보다 못한 어머니가 탄식조로 내뱉은 말일 수도 있습니다. 똑같은 표기인데도 의미는 전혀 다릅니다. 그런데 이때 어머니의 말을 칭찬으로 받아들인다면, 혹시 아들이 그랬다면 어떻게 되었을까요? 이처럼 같은 말이어도 어떤 상황에서 제시되는가에 따라 전혀 다른 의미를 나타내므로, 맥락의 파악은 일상적 언어를 이해하는 데도 결정적인 역할을 합니다.

이번에는 다음 안내표지판에서 잘못된 부분을 찾아보세요.

문화재 안내판의 "present position"

외국인을 위해 친절하게 한글과 영어로 표기하였지만, 정작 외국인은 이 영어 단어가 무슨 뜻인지 도통 알 수 없다는 표정을 짓습니다. 사전을 찾아보면 분명히 'present'는 '현재', 'position'은 '위치'라고 해석하고 있습니다. 그러나 '현재 위치'는 'You're here!'라고 표기해야 옳습니다.

우리는 왜 이처럼 잘못된 콩글리시 표현을 남용할까요? 맥락이 결여된 채 사전에만 의존해 영어단어를 익히기 때문입니다. 언어는 살아 움직이는 삶을 반영하는 만큼 그 언어가 삶에서 활용되는 맥락을 제대로 짚는 것이 진정한 언어 학습일진대, 단순히 영어를 우리말로 혹은 우리말을 영어로 번역하는 것에만 몰두한 결과입니다.

모든 학습에서 맥락이 중요하다는 사실은 인간 존재 그 자체에서 발견할 수 있습니다. 인간은 항상 자신은 물론 주변의 모든 것에 나름의 의미를 부여하며, 이를 통해 자신의 존재를 느끼고 확인합니다. 때문에 무의식적으로 내뱉는 말이나 사소한 몸짓 하나에도 의미가 담겨 있습니다. 그렇게 인간의 뇌는 그 의미를 추적하는 기관으로서 작동하게끔 끊임없이 진화되어왔던 것입니다.

뇌의 특성은 컴퓨터와 비교해보면 더 확연해집니다. 인간의 뇌를 본떠 만들어진 컴퓨터가 비록 기호 조작 능력에서 인간과 비교할 수 없을 정도로 뛰어나지만, 정작 컴퓨터는 자신이 다루는 기호의 의미를 전혀 이해하지 못합니다. 주어진 규칙을 무작정 따라가도록 프로그래밍되어 있기 때문에 컴퓨터는 우리가 멈추라는 명령을 내릴 때까지 똑같은 행위를 무한정 반복할 수밖에 없는데, 기계적인 반복이란 이를 가리키는 표현입니다.

컴퓨터에 비하면 사람의 능력은 보잘것없어 보입니다. 곱셈 구구와 같은 단순기능이나, 57+78과 같은 간단한 두 자리 수 덧셈 절차를 처음 익힐 때 얼마나 어려웠던가 떠올려보세요. 하지만 생각해보면 그 어려움 자체가 바로 의미를 추구하는 인간의 특성에서 비롯된 것이라 할 수 있습니다. 그러므로 수학의 연산을 처음 배우는 과정에서 맥락이 결여된 채 숫자와 기호들만 제시하고 정해진 풀이 절차만을 따르도록 강요당할 때, 이를 배우는 아이들이 어려움을 겪는 것은 당연합니다. 의미를 파악할 수 없기 때문이죠.

이제 거리에서 만난 브라질 아이가 길거리 수학에서 좋은 성적을 거둘 수 있었던 이유가 분명히 드러난 것 같네요. 아이는 코코넛 판매라는 맥락에서 각각의 숫자가 무엇을 의미하는지 알고, 어떤 연산을 어떻게 실행할 것인가를 스스로 판단할 수 있었습니다. 반면에 학교수학 문제를 접할 때는 의미를 발견할 기회인 맥락의 파악이 동반되지 않은 채 오로지 주어진 숫자를 어떤 순서로 조작할 것인가 하는 절차와 정답 찾기에만 중점을 두었습니다. 맥락과 의미가 결여된 학교수학의 희생자는

브라질 아이에만 그치는 것이 아닙니다. 수많은 희생자를 우리 주변에서 발견할 수 있습니다.

언젠가 초등학교 교사를 양성하는 교육대학의 한 강의실에서 다음과 같은 질문을 던졌습니다.

“지금 당장 교사가 되었다고 가정할 때 가장 가르치기 쉬운 과목은?”

놀랍게도 30명 중 24명, 그러니까 80%의 학생이 수학을 선택하였습니다. 그 이유를 물어보았더니 절반 이상인 15명이 다음과 같이 답했습니다.

“주어진 절차를 따르면 딱딱 답이 나오기 때문이죠. 그래서 수학을 좋아하기도 합니다.”

같은 유형의 문제들을 모아놓고 정답에 이르는 절차를 정해진 순서대로 되풀이하여 높은 점수를 얻은 학생들에게서 나온 반응입니다. 어쩌면 그들은 자신이 수학을 좋아하며 스스로 수학을 잘한다고 여기지만 실은 기계적으로 반복하는 정답 맞추기 훈련에 길들여진 희생자들일지도 모릅니다. 문제에 제시된 각각의 숫자가 무엇을 가리키며 왜 그런 연산을 실행해야 하는지 굳이 생각해본 적이 없을지도 모릅니다. 문제의 정답만 구하여 높은 점수를 획득하는 것이 목표였을 테니까 말입니다.

물론 수학 시험에서 좋은 성적을 얻는 것은 매우 중요합니다. 이런 식으로 문제를 풀면 정답에 이른다는 절차적 지식은, 시험에 대비하는 학습 전략으로서 필요합니다. 더구나 이런 학습전략은 초등학교에서 상당히 높은 성과를 거두기도 합니다. 중학교에서도 어느 정도 효과적일 수 있으나, 거기까지입니다. 중학교 3학년 이상에서는 오히려 낭패감과 좌절감을 안겨줄 뿐입니다.

왜 그럴까요? 초등학교와 중학교에서는 공부할 양이 얼마 되지 않으므로 시험에 나올 문제가 한정될 수밖에 없습니다. 그래서 원리와 개념을 완전히 이해하지 못해도 풀이절차만 익혀 문제를 풀 수 있습니다. 하지만 논리적 추론과 결합된 본격적인 수학의 세계로 들어서는 중학교 3학년부터는 그런 얄팍한 학습전략이 통할 리 없습니다. 그것은 마치 25m 규격의 실내 수영장을 간신히 건너는 실력으로 한강을 헤엄쳐 건너려는 시도와 같습니다. 결국 초등학교 수학부터 시험문제 풀이만을 위한 학습에 치중하는 아이들 대부분은 수학에 대한 흥미를 점차 잃어가고 수학은 골치 아픈 과목이라는 혐오증만 남게 될 뿐입니다.

그렇다고 학교수학에서 연산 절차를 익히는 것이 쓸모없다는 것은 아닙니다. 학교수학에서 제시하는 계산 절차들은 인류가 오랜 기간 시행착오를 거쳐 다듬고 정리한 것이며, 문제의 정답에 이르는 지름길이라는 사실은 틀림없습니다. 이 절차들을 충분히 이해하고 습득할 수 있다면 어떤 숫자나 어떤 상황에서도 적용할 수 있게끔 일반화되고 표준화된 것들입니다. 또한 학교수학뿐 아니라 과학, 기술, 의학 등 거의 모든 분야에 적용하고 응용이 가능한 보편적 절차입니다. 그러므로 학교의 연산교육은 아이들에게 현대 문명을 살아가는 데 필요한 강력한 무기를 손에 쥐어주는 것이라 할 수 있습니다.

하지만 우리는 '길거리 수학'으로부터 수학 학습이 절차의 습득에 그쳐서는 안 된다는 사실을 확인할 수 있었습니다. 이를 토대로 이제부터 초등학교 수학의 연산, 즉 덧셈과 뺄셈 , 곱셈과 나눗셈을 새로운 시각으로 바라보려고 합니다.

연산의 절차에 대한 설명은 가급적 지양하고 연산의 의미, 즉 연산에 사용된 숫자와 각각의 계산절차에 담긴 의미를 파악하는 데 집중합니다. 연산이 적용되는 맥락의 파악에 초점을 두겠다는 것입니다.

과연 이 책을 읽는 어른들은 사칙연산을 제대로 알고 있을까요? 만약 당신이 수학교육의 목적이 단지 우리 아이들을 싸구려 계산기로 만드는 것에 있지 않다는 것에 동의한다면, 이제부터 자연수의 덧셈, 뺄셈, 곱셈, 나눗셈에 담겨 있는 전혀 예상하지 못한 의미를 발견할 수 있을 것입니다.

노벨상에 수학이 없는 이유

음악의 조화로운 구성도
수로 나타낼 수 있다고 믿었던 피타고라스

사실 수학은 우리의 실생활과 밀접한 관련이 있습니다. 또한 수학적 지식의 원천은 인간의 삶과 이를 둘러싼 자연세계 모두입니다.

따라서 먼 옛날 고대 그리스의 피타고라스(사실은 개인이 아닌 학파)가 '만물의 근원은 수'라고 선언한 것은 결코 우연이 아니었습니다. 그러나 이는 세상만물을 구성하는 원소로서의 수가 아니라, 세상의 이치를 설명하는 수단으로 수가 으뜸이라는 뜻입니다. 당시 그들에게 수의 범위는 정수에 국한되었는데, 아름답고 조화로운 음악을 연주하는 현의 길이도 1:2, 2:3, 3:4와 같은 정수비로 나타낼 수 있었습니다. 그들은 음악은 물론 우주 전체의 조화로운 구성을 수로 나타낼 수 있다고 믿었습니다. 이를 이어받은 유클리드가 '자연의 규칙은 결국 신이 수학적으로 사고한 결과다'라고 했고, 수학에 대한 이러한 관점은 이후에 서양 근대과학 발전의 토대가 되었습니다.

사실 인간을 둘러싼 자연 현상은 기적이라고 할 만큼 너무나 경이롭습니다. 해마다 수천 킬로미터를 날아갔다가 이듬해 다시 돌아오는 철새의 이동, 수심이 얕은 작은 강가에서 부화해서 바다로 나갔다가 3년 후 다시 먼 길을 헤엄쳐 돌아오는 연어의 회귀와 같은 놀라운 자연현상도 수학의 언어로 나타낼 수 있습니다.

바다 밑 모래 속에 사는 연잎성게는 어떤가요? 성게의 겉면에 나 있는 특이한 모양의 구멍 다섯 개는 오각형을 이루는데, 여기에서 몇 가지 놀라운 특징을 발견할 수 있습니다.

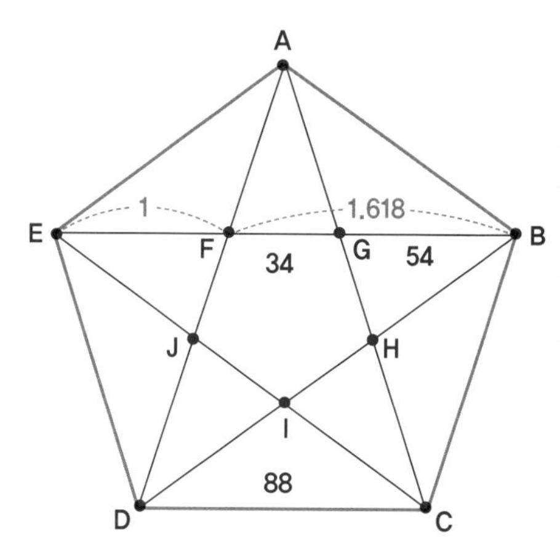

정오각형과 황금비율

오각형에는 서로 다른 길이의 선분이 네 개 있습니다.

(a) FG=GH=HI=IJ=JF (b) GB=HB=HC=IC=ID=JD=JE=FE=FA=GA

(c) AB=BC=CD=DE=EA=AH=AJ=BF=BI=CG=CJ==DH=DF=EF=EJ=AF

(d) AC=AD=BD=BE=CE

이 가운데 작은 오각형의 한 변의 길이 (a)를 34mm라고 하면, 나머지 선분의 길이는 다음과 같습니다.

(a) FG=34 (b) GB=54 (c) FB(=BC)=88 (d) AC(=EB)=142

그런데 이때 선분 네 개의 길이 (a), (b), (c), (d)는 다음과 같이 각각 앞 두 항의 합이 그 다음 항이 됩니다.

(a)+(b)=(c) : 34+54=88,

(b)+(c)=(d) : 54+88=142

따라서 이를 계속하면 다음 항은 88과 142의 합인 230이며, 같은 방식으로 다음과 같은 수열을 만들 수 있습니다.

34, 54, 88, 142, 230, 372, 602, …

한 손으로 유클리드의 기하학 책인 『원론』을 펼치고 다른 한 손으로는 평면 기하학 도판을 가리키는 파치올리. 이탈리아 나폴리 국립 미술관 소장

이 수열을 중세 이탈리아 수학자의 이름을 따서 '피보나치수열'이라고 합니다. 피보나치는 아라비아 숫자를 유럽에 도입한 선구자였으며, 토끼의 번식을 다룬 문제에서 이 수열을 발견했다고 합니다. 이후 음악의 음계, 솔방울, 해바라기 등에서도 피보나치수열을 발견할 수 있다고 하니 관심 있다면 참고 자료를 찾아보기 바랍니다.

우리는 앞에서 바다생물인 연잎성게라는 자연현상으로부터 수학적 도형인 오각형을 찾아내어 그 안에 들어 있는 피보나치수열을 발견하였습니다. 그런데 이 오각형에는 피보나치수열뿐 아니라 '황금비'라는 또 다른 수학도 들어 있습니다. 즉, 오각형의 한 변의 길이에 대한 대각선 길이의 비, 즉 $\frac{AC}{BC} = \frac{142}{88} = 1.62\cdots$이라는 비율이 그것입니다.

1.618033988749895…의 값을 갖는 황금비는 인간의 눈에 가장 안정적이고 이상적인 비라고 하여 명함, 담뱃갑, 신용카드, HD TV와 같은 사각형 물체를 제조할 때 응용한다고 합니다. 하지만 이런 문명의 이기들을 디자인할 때 황금비를 염두에 두었다는 근거도 희박하고, 어느 정도의 근삿값이 황금비에 해당하는가에 대해서도 딱히 정해진 바도 없기 때문에 그런 주장의 신빙성이 그리 높다고 말할 수는 없습니다. 뿐만 아니라 황금비가 시각적으로 가장 아름다우며 조화와 안정을 느낄 수 있다는 주장도 임의적이고 주관적이라는 반론도 만만치 않아 논란의 여지가 상당합니다.

그럼에도 수학이 예술, 특히 미술에 적용된 사례로 황금비를 언급하는 경우를 종종 접하게 되는데, 특히 레오나르도 다빈치의 걸작인 「모나리자」에 황금비가 적용되었다는 주장이 관심을 끌어 소개하고자 합니다.

중세에는 황금비를 신의 비율*Divine Proportion*이라고 하였는데, 천재적인 다빈치는 이 황금비를 당시 수도사이며 수학자였던 파치올리로부터 전수받았다고 합니다.

한편 다빈치가 「모나리자」에서 황금비를 의도적으로 구현하였다는 설도 논란의 중심에 있는데, 구체적인 수치를 들며 황금비와의 연관성을 주장하는 사람이 있는가 하면, 또 다른 이는 다빈치가 계획적으로 황금비율을 적용한 어떤 근거도 발견할 수 없다고 주장하기도 합니다.

아마도 다빈치와 황금비의 관련성이 세간에 널리 알려진 결정적인 계기는 댄 브라운의 소설 『다빈치 코드』 때문이라고 볼 수 있습니다. 같은 이름의 「다빈치 코드」라는 영화로도 제작되었는데, 이 영화에서는 「모나리자」뿐만 아니라 「최후의 만찬」에도 황금비가 적용되었다는 설정을 토대로 흥미진진한 이야기가 펼쳐집니다.

그런데 다빈치의 「최후의 만찬」은 황금비보다는 원근법이라는 수학적 기법이 적용되었다는 사실에 더 주목할 필요가 있습니다. 예수 그리스도가 십자가에서 죽기 전날 열두 명의 제자와 만찬을 즐기는 모습

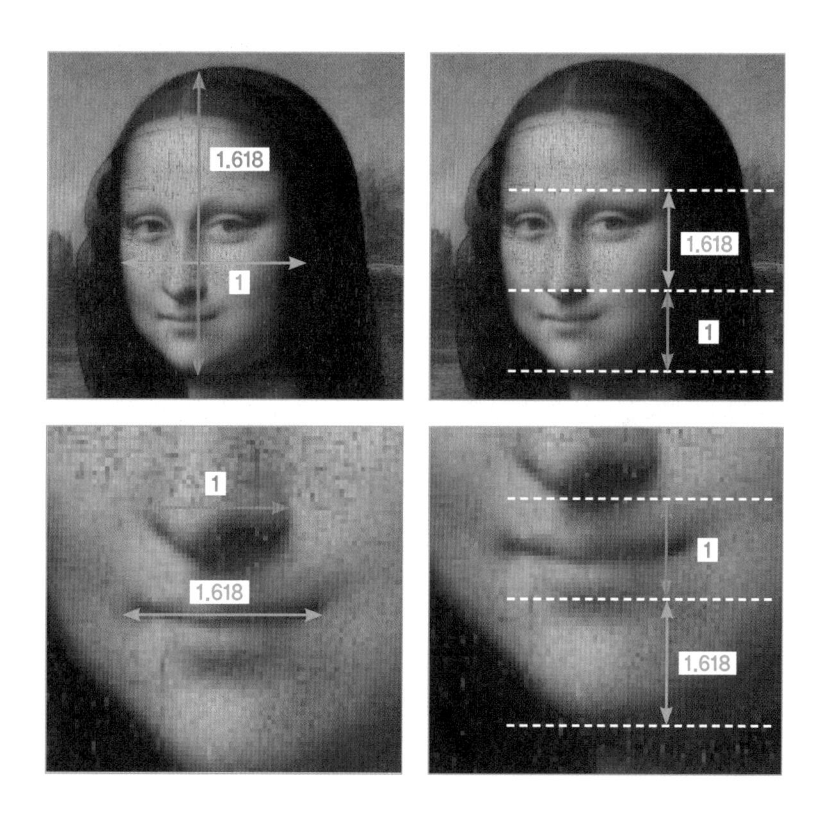

레오나르도 다빈치 「최후의 만찬」

라파엘로의 「아테네 학당」

을 그린 「최후의 만찬」에서 예수 그리스도는 무한 원점에 해당됩니다. 무한 원점이란 평면 위에 놓여 있는 2개의 평행선이 먼 곳에서 만난다는 가상의 점을 가리킵니다. 그러므로 이 그림은 당시 미술계에서 원근법의 토대가 되는 수학이 얼마나 널리 응용되었는가를 보여주는 가장 대표적인 사례라고 할 수 있습니다. 원근법이 적용된 또 다른 예로 라파엘로의 「아테네 학당」을 꼽을 수 있습니다.

수학은 미술뿐만 아니라 음악, 건축, 심리학, 사회학, 경제학 등 인간 삶의 곳곳에 응용됩니다. 우리가 숨 쉬며 살아가는 자연과 우주는 물론 인간에 대한 탐색과정에서 수학의 눈과 언어를 이용하였기 때문에 오늘날의 현대 문명이 존재하게 되었습니다. 시중의 수많은 참고자료와 서적에서 그 사례들을 확인할 수 있습니다.

사실 여기서 논의하고자 하는 주제는, 수학이 응용되는 다양한 사례를 탐색하려는 것이 아닙니다. 수학이 이렇게 다양하게 응용됨에도 왜 우리는 이를 제대로 깨닫지 못하는가 하는 의문 제기입니다. 무려 12년 동안 학교에서 수학을 배웠음에도 수학전공자가 아니라면(경우에 따라서는 전공자들조차) 우리 삶에 수학이 널리 그리고 다양하게 응용된다는 사실을 깨닫지 못하고 있다는 사실은 참 이상한 일이 아닐 수 없습니다.

그래서 그 이유를 노벨상을 통해 유추해보려 합니다. 해마다 가을이면 물리학, 화학, 의학, 문학, 평화, 경제학의 여섯 분야에서 노벨상이 수상됩니다. 그런데 정작 수학만은 배제되어 있습니다. 왜 노벨상에는 모든 학문의 기초라는 수학 분야가 없는 것일까요?

노벨상의 기원을 찾아보았습니다. 1896년 노벨은 작고하기 일 년 전에 작성한 유서에서 "해마다 인류의 이익에 가장 혁혁한 공헌을 실행한 사람"에게 수여하기 위해 노벨상을 제정하도록 당부했다고 합니다. 처음에 노벨상은 위의 5개 분야로부터 출발하였고 나중에 경제학상이 덧붙여졌습니다. 이로 미루어볼 때 노벨은 애초부터 인류의 이익을 공헌하는 분야를 선정할 때 수학을 전혀 염두에 두지 않았던 것으로 보입니다.

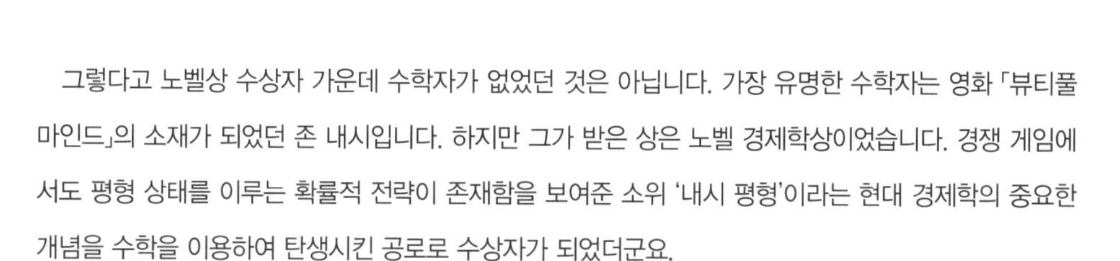

그렇다고 노벨상 수상자 가운데 수학자가 없었던 것은 아닙니다. 가장 유명한 수학자는 영화 「뷰티풀 마인드」의 소재가 되었던 존 내시입니다. 하지만 그가 받은 상은 노벨 경제학상이었습니다. 경쟁 게임에서도 평형 상태를 이루는 확률적 전략이 존재함을 보여준 소위 '내시 평형'이라는 현대 경제학의 중요한 개념을 수학을 이용하여 탄생시킨 공로로 수상자가 되었더군요.

노벨상 수상자 가운데 또 다른 수학자는 '러셀의 패러독스'로 유명한 버트런드 러셀이었습니다. 그의 수상 분야는 뜻밖에도 수학과는 전혀 관련이 없는 문학상이었습니다. "인도주의적 이념과 사상의 자유를 쟁취하도록 하는 다양하고 중요한 저술을 인정하여" 노벨 문학상이 수여되었던 것입니다. 그야말로 천재란 바로 러셀을 가리키는 말인가 봅니다.

2020년 또 한 명의 수학자에게 노벨 물리학상이 수여되었습니다. 영국 옥스퍼드 대학의 수학자인 로저 펜로즈가 블랙홀의 존재를 예측하는 '특이점 정리'라는 업적으로 노벨 물리학상 수상자가 되었는데, 그의 전공은 수학에서도 난해한 분야로 꼽히는 '대수기하'입니다. 1954년에도 두 명의 수학자가 노벨 물리학상을 받은 적이 있습니다. 이들 모두가 수학을 응용한 물리학 분야의 업적으로 수상하였다고 합니다. 어쨌든 순전히 수학만을 연구하여 수상자가 된 사례는 지금까지 없다는 사실은 분명합니다.

아마도 이 사실이 콧대 높은 수학자들에게는 매우 충격적이었고 자존심에 커다란 상처를 주었던 것 같습니다. 노벨상이 처음 수여된 지 35년이 흐른 1936년, 캐나다의 수학자 존 찰스 필즈의 유언에 따라 그의 유산을 기금으로 필즈상이 제정되었습니다. 수학자들은 이를 수학의 노벨상이라고 이름 붙였습니다. 그들은 4년마다 뛰어난 업적을 이룬 40세 이하 젊은 수학자에게 필즈상을 수여하며 그들만의 축제를 열고 있습니다.

그런데 정말 노벨은 왜 수학 분야의 상을 빼놓았을까요? 저뿐만 아니라 많은 사람들이 궁금했나 봅니다. 이를 두고 항간에는 노벨이 흠모하던 여인이 당시 스웨덴의 수학자 미타그 레플러와 사귀었다는 이야기가 떠돌기도 했습니다. 노벨이 질투한 나머지 의도적으로 수학 부문의 상은 만들지 않았다는 이야기도 함께 말입니다. 또 다른 소문에 의하면, 만일 노벨 수학상이 제정되면 첫 번째 수상자로 노벨과 앙숙관계였던 그 수학자가 선정될 가능성이 있었기 때문이라고도 합니다. 하지만 모두 꾸며내기 좋아하는 사람들의 가십거리일 뿐 어떤 근거도 없는 헛소문이라는 설이 유력합니다.

분명한 것은, 노벨 자신이 과학자였음에도 평소 수학에는 별반 관심을 갖지 않았다는 점입니다. 그에게 수학이란 철학과 유사하게 이론에 치우쳐 실용성과는 거리가 먼 학문에 지나지 않았던 것입니다. 때문에 '인류 복지에 실질적으로 기여한 인물'에게 수상한다는 노벨상에서 수학은 자연스럽게 제외될 수밖에 없었습니다. 우리 삶 전반에 수학이 응용될 수 있다는 것을 미처 인식하지 못했다는 점에서 노벨도 우리 일반인들과 그리 다르지 않았던 것 같습니다.

하지만 이제는 수학이 없었다면 현대 문명 자체가 존재하기 어렵다는 사실을 쉽게 밝힐 수 있습니다.

인터넷에는 ‘수학의 응용’, ‘자연에서의 수학’ 등 수학의 실용성에 관한 자료가 차고 넘치는 상황에 이르렀습니다. 그럼에도 120여 년 전의 노벨처럼, 많은 사람들은 수학이 이론에 치우친 학문이라는 편견에서 벗어나지 못하고 있는 것도 사실입니다. 수학의 실용성에 대해서도 별로 실감하지 못한다는 것이죠.

왜 그럴까요?

아마도 가장 커다란 이유로 학교에서의 경험을 들 수 있을 것 같네요. 수학이 자연과 인간에 대한 안목을 넓힘으로써 우리의 삶을 풍족하게 할 수 있음을 깨닫을 수 있는 기회를, 교과서를 비롯한 수학학습서는 물론 교실에서도 제공하지 않기 때문입니다. 이는 오래전 고대 그리스의 유클리드가 집필한 『원론』에서부터 비롯된 수학학습의 전통이었습니다. 수학의 학문적 체계의 진수를 담은 『원론』의 형식은 이후 거의 모든 수학책의 표본이 되었고, 수학 교과서의 형식도 이를 따랐던 것입니다. 이 전통에 따라 학생들에게 제공되는 수학책은 잘 정리된 일련의 수학적 지식과 함께 예제와 그 예제의 풀이, 그리고 연습을 위한 유사문제들로 채워진 건조무미한 구성이 되고 말았습니다.

그런데 이는 음악을 배우며 음악의 즐거움을 찾고자 하는 학생에게 그냥 오선지 위에 그려놓은 악보들만 제공하는 것과 다르지 않습니다. 악보만으로 풍부한 감성을 담은 음악을 느끼고 배울 수 없음은 당연한 것 아닌가요? 악보가 곧 음악이 아니듯이 수학공식과 문제만을 담은 수학책도 수학 그 자체라 할 수 없습니다. 아마도 미래의 수학책에는 수학지식이 어떤 맥락에서 어떠한 의미를 갖는지 드러내 보여줄 수 있도록 변화할 수 있지 않을까 조심스럽게 전망해봅니다. 이 책이 조금이나마 도움이 되기를….

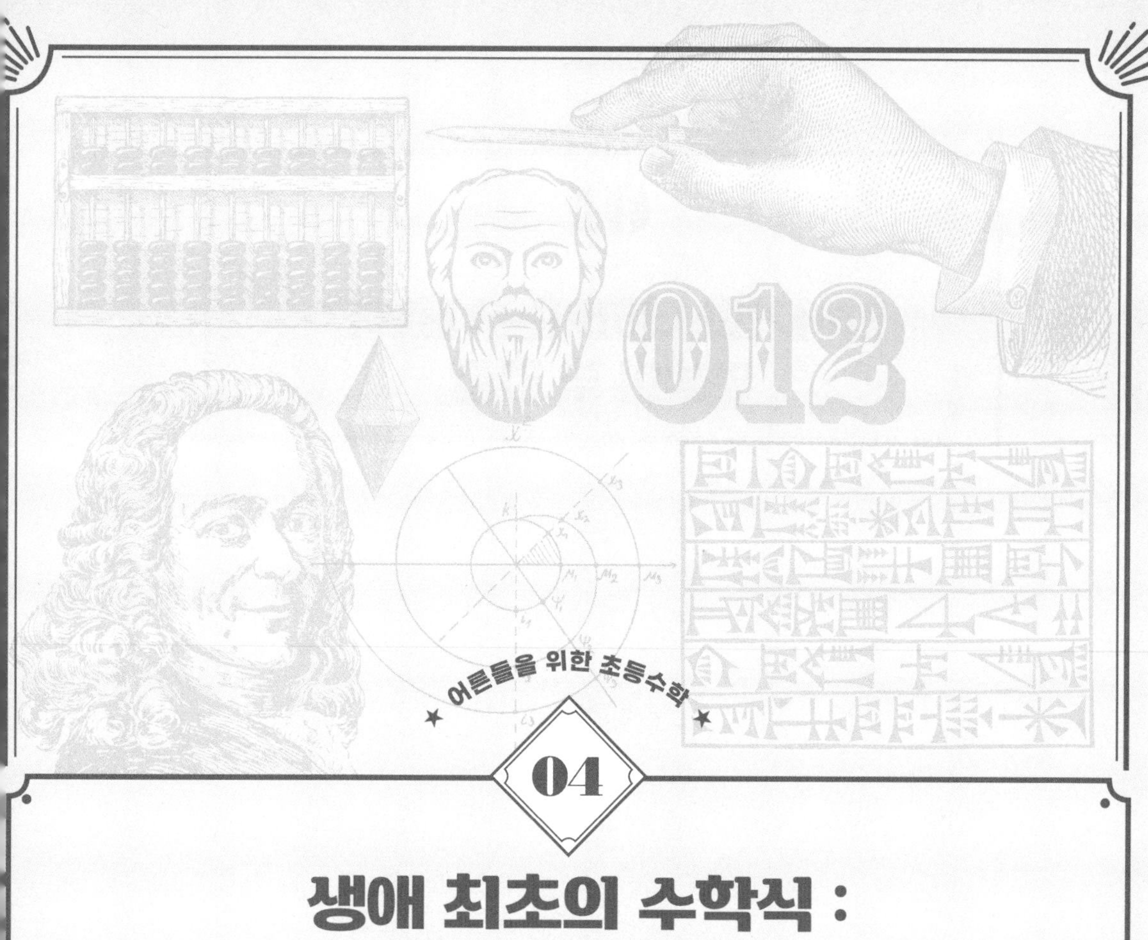

어른들을 위한 초등수학

04

생애 최초의 수학식 :
덧셈 1+2=3, 5-2=3

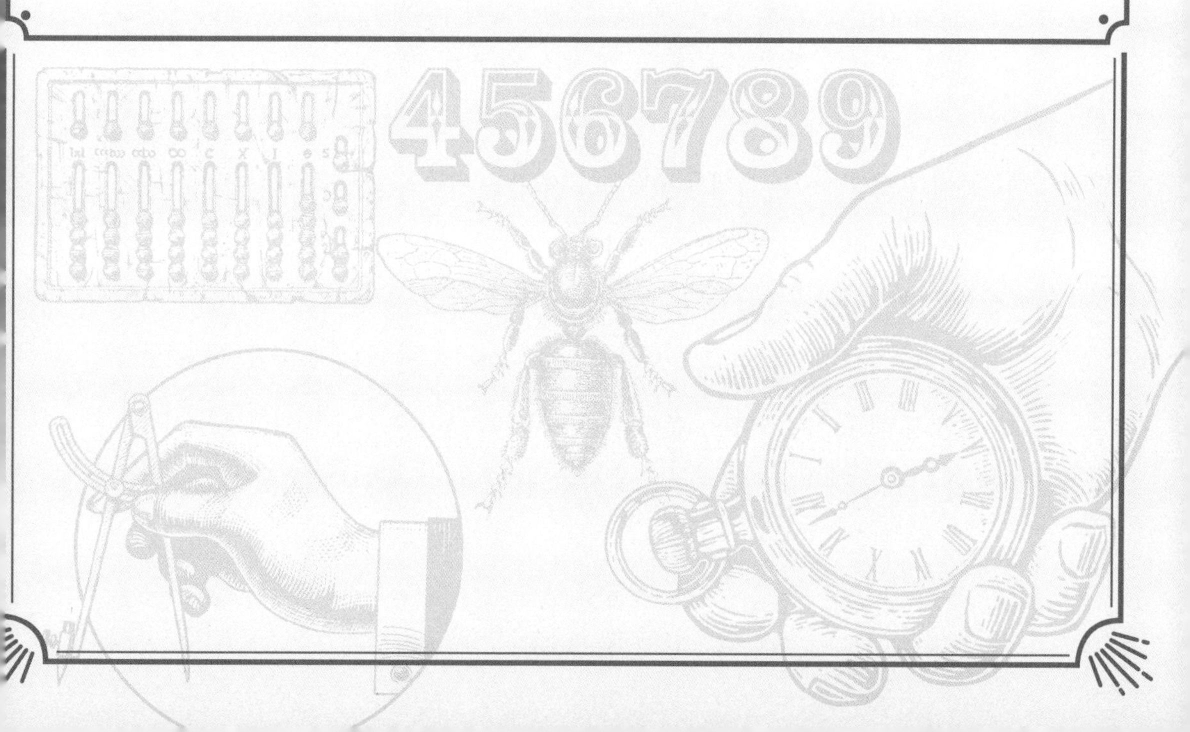

01

합하기와 더하기는 다르다 : 덧셈의 두 얼굴

세상에 태어나서 처음 접하는 수학적 기호인 아라비아 숫자를 익히고 나면 본격적으로 '+, −, ='과 같은 연산기호를 만나게 됩니다. 이들 연산기호를 토대로 1+1=2, 3+2=5와 같은 덧셈식을 배우는데, 바로 우리가 생애 최초로 접하는 수학식입니다.

여러분에게 덧셈 3+2는 누워서 떡먹기일 겁니다. 덧셈의 값을 매우 간단하고 쉽게 구할 수 있으니 덧셈에 대하여 잘 안다고 스스로를 과신할지도 모릅니다. 하지만 과연 그럴까요?

할 수 있다고 해서 알고 있다는 것은 아닙니다. 덧셈을 할 수 있다고 그 의미까지 이해하는 것은 아니라는 겁니다. 덧셈의 두 얼굴, 즉 똑같은 하나의 덧셈식이 전혀 다른 두 가지 상황을 나타낼 수 있다는 사실을 과연 얼마나 많은 사람들이 알고 있을까요? 다음 문제를 살펴봅시다.

문제 1 **정류장에서 승객 3명이 타고 있던 버스에 2명이 더 탔다면 승객은 모두 몇 명인가?**

문제 2 **남자 3명과 여자 2명이 타고 있는 버스의 승객은 모두 몇 명인가?**

두 문제 모두 똑같이 3+2=5라는 간단한 하나의 덧셈식으로 나타낼 수 있지만, 문제 상황의 구조는 다릅니다.

문제 1 은 말 그대로 '덧붙이면', 즉 '더하면' 얼마인가를 묻는 문제입니다. 버스에 타고 있던 승객 수(3명)에 새로 탄 승객 수(2명)를 '더하기' 때문이죠. 수직선 모델을 사용하면 이 상황을 더 실감나게 표현할 수 있습니다. 추상적인 수학을 눈으로 확인할 수 있으니까요.

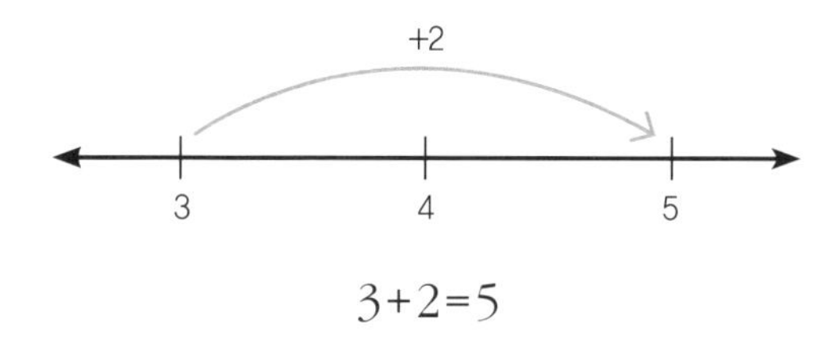

3+2=5

이와 같은 '더하기' 상황은 일상에서 쉽게 접할 수 있는데, 또 다른 예로 다음과 같은 상황이 있습니다.

문제 1-1 **바구니에 사과 3개가 담겨 있었는데, 사과 2개를 더 담았다. 바구니에 담겨 있는 사과는 모두 몇 개인가?**

그런데 (문제 2)는 상황이 좀 다릅니다. 덧셈식 3+2=5가 이번에는 '합合하기'라는 전혀 다른 상황을 나타내는 데 사용되고 있습니다. 즉, 덧셈'이라는 용어와 '+'라는 기호가 (문제 1)에서는 '더하기'를, (문제 2)에서는 '합하기'를 나타내는 것입니다.

남자 승객과 여자 승객을 함께 모으는 '합合하기' 상황은 수직선 모델보다는 집합 모델이 더 유용합니다.

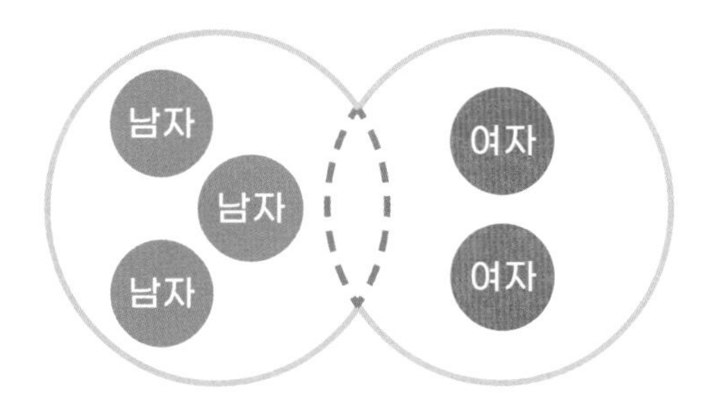

남자와 여자라는 서로 다른 속성을 가진 두 집합이 결합되어 새로운 하나의 집합을 이룹니다. 이때 형성된 새로운 집합의 원소 개수를 구하는 것이 '합合하기' 상황의 구조입니다. '합하기'의 또 다른 예를 볼까요?

(문제 2-1) 꽃병에 장미 3송이와 튤립 2송이가 있다. 꽃병에 들어 있는 꽃은 모두 몇 송이인가?

물론 이 문제도 덧셈식 3+2=5로 나타낼 수 있습니다. 서로 다른 속성을 가진 두 집합(장미, 튤립)을 함께 묶어 수학적 기호 '+'를 사용하여 그 원소의 개수를 '3+2=5'라는 덧셈식으로 나타낸 것이죠.

더하기와 합하기 상황을 나타내는 식이 같으므로, 덧셈식 3+2=5만으로는 서로 다른 두 개의 상황을 구별할 수 없습니다. 하지만 두 상황은 각각의 식에 들어 있는 두 개의 숫자가 각기 다른 의미를 가진다는 점에서 구조의 차이가 확연하게 드러납니다. 우선 '더하기' 상황을 나타내는 덧셈식 '3+2=5'에서 앞의 숫자 3은 '이미 탑승한 사람 수' 또는 '이미 담겨져 있던 사과 개수'지만, 뒤의 숫자 2는 '나중에 탑승한 사람 수' 또는 '나중에 담긴 사과 개수'입니다. 글자 그대로 '덧붙여진' 대상의 개수를 가리키는 것입니다.

수직선 모델은 두 숫자를 더 분명하게 구분하여 보여줍니다. 덧셈식의 처음 숫자 3은 수직선 위의 어느 한 점, 즉 출발점입니다. 그리고 더하는 수 2는 출발점으로부터 오른쪽으로 이동한 수량입니다. 이를 다음과 같이 문장으로 기술할 수 있습니다.

"셋을 가고, 둘을 더 간다."

반면에 '합하기' 상황을 나타내는 덧셈식 '3+2=5'에서 3과 2는 각각 '남자와 여자' 또는 '장미와 튤립'이라는 서로 다른 집합의 원소 개수로서, 동등한 위치에 놓여 있습니다. 이 때문에 합하기 상황은 수직선보다는 벤다이어그램으로 나타내는 것이 적절합니다. 벤다이어그램에서 3과 2는 구분할 필요 없는 동등한 위치임을 잘 보여주니까요. 때문에 '더하기'는 '합하기'에 비해 더 역동적인 상황을 나타냅니다.

'덧셈'은 '더하는 셈'의 줄임말로, 덧붙이거나 늘어나는 결과를 헤아리는 셈을 말합니다. 반면에 '합산'은 서로 다른 두 집합을 결합하는 합合을 뜻하므로, 엄격히 따지면 '덧셈'의 한자어와는 거리가 멉니다. 그럼에도 덧셈과 합산을 나타내는 식과 결과가 모두 같기 때문에 대부분 이 둘을 구분하지 않으며 그럴 필요도 잘 느끼지 못합니다. 하지만 이 두 상황의 차이는 취학 전 아이들의 연산 발달 과정, 특히 수 세기에서도 확인할 수 있습니다.

아이는 학교에 입학하기 전부터 일상생활에서 수학을 배우기 시작합니다. 대부분 덧셈도 이때 배웁니다. 하지만 '학교수학' 절차와는 다른 방식으로 덧셈을 배웁니다. 물론 3+2=5와 같이 기호를 사용하는 형식적인 덧셈식이 아니라, 그냥 덧셈 그 자체를 말합니다.

"한 손에 사탕 3개가 있는데 엄마가 사탕 2개를 더 주면 모두 몇 개일까?"

이런 상황을 접하며 아이는 덧셈식으로 표현할 수는 없지만 덧셈 그 자체를 자연스럽게 실행합니다. 아이가 이제 막 수 세기를 배웠다면 사탕 3개와 2개를 각각 세어본 후 사탕을 함께 모아놓고 다시 전체 개수를 헤아려 5개라고 말합니다. 이러한 헤쳐 모으기 과정을 '모두 세기'라는 용어로 정리하는데, 이는 앞의 합하기와 다르지 않습니다.

그런데 시간이 흘러 수 감각이 향상되면 어느 순간 아이는 더 이상 '모두 세기'가 아닌 '이어 세기' 방식으로 전환합니다. 가지고 있던 사탕 3개에서 출발하여 나머지 2개를 차례로 짚으며 "넷, 다섯, 모두 다섯 개"라고 답하는데, 이는 앞의 더하기와 같습니다.

그러므로 모두 세기와 이어 세기라는 수 세기를 배우며 덧셈의 두 가지 상황, 즉 합하기와 더하기 상황을 함께 경험하게 되는 것입니다. 수 세기의 중요성을 다시 한 번 확인할 수 있습니다.

따라서 기호 '+, ='를 사용한 덧셈식을 강요하기 이전에 먼저 수 세기 활동을 통해 덧셈 상황을 충분히 경험하는 것이 바람직합니다. 제대로 말을 할 수 있어야 글자를 배울 수 있는 것과 같은 이치입니다. 덧셈 개념이 확립되어야 비로소 덧셈식을 배울 수 있으니까요. 숫자가 수 개념을 기록한 문자이듯, 덧셈식도 머릿속에서 진행되는 덧셈 개념을 눈으로 볼 수 있게 시각화한 기호라는 것입니다.

똑같은 덧셈식이 전혀 다른 두 가지 상황을 나타낸다는 사실을 파악하는 것이 어떤 의미가 있을까요? 같은 방식으로 뺄셈의 여러 가지 상황을 구분하고 나면 그 답을 찾을 수 있습니다.

02

뺄셈이 어렵다, 그 이유는?

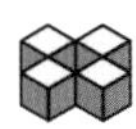

뺄셈의 숨겨진 의미를 알아봅시다. 8−3=5와 같은 간단한 뺄셈식으로 나타낼 수 있는 상황은 다음과 같이 다양합니다.

(1) 쌀 8가마 중에서 3가마를 차에 실었다면 남아 있는 쌀은 몇 가마인가? – **덜어내기 또는 제거**

(2) 방 안에 8명이 있는데, 남자가 3명이고 나머지는 여자다. 방 안에 있는 여자는 모두 몇 명인가? – **속성이 다른 것의 개수**

(3) 사과 8개와 배 3개가 있다. 사과는 배보다 몇 개 더 많은가? – **비교에서의 차이**

(4) 오늘 기온은 어제보다 3도 떨어졌다. 어제 기온이 8도였다면, 오늘 기온은? – **감소하는 양**

(5) 3살짜리 동생이 8살이 되려면 몇 해가 지나야 하나? – **덧셈의 역**

모두 8−3=5라는 하나의 뺄셈식으로 나타낼 수 있지만, 이들 상황의 구조는 모두 다르며 그 구조의 차이를 구별하기도 쉽지 않습니다. 그래서 뺄셈이 덧셈보다 더 어렵게 느껴질 수 있습니다. 그럼 각 상황을 하나씩 자세히 살펴봅시다.

(1) 덜어내기 또는 제거

쌀 8가마 중에서 3가마를 차에 실었다면 남아 있는 쌀은 몇 가마인가?

가장 전형적인 뺄셈 상황으로서, 주어진 것에 덧붙이는 '더하기'의 역입니다. 전체 8개로부터 그 일부인 3개를 분리하여 제거하는 겁니다. 이때의 뺄셈식은 '덜어내거나 빼낸 나머지를 셈'하는 것으로, 이를 줄여 '뺄셈'이라는 용어가 만들어졌습니다.

즉, 이 경우의 뺄셈은 "몇 개가 남아 있는가?"라는 물음에 답하는 상황으로서 전체 대상에서 일부를 없애거나, 가져가거나, 먹어버리거나, 잃어버리거나, 스스로 사라지거나 하는 이유로 개수가 줄어들었을 때 남아 있는 대상의 개수를 구합니다.

이 뺄셈은 개수 세기로부터 출발하였지만 점차 양을 측정하는 상황으로도 확장

할 수 있는데, 예를 들어 쓰고 남은 화폐의 양, 잘라낸 부분을 제외한 나머지 길이, 어떤 액체의 일부를 덜어낸 후 용기에 남은 양을 구할 때에도 적용됩니다. 이때는 '몇 개가 남아 있는가?' 대신 '얼마나 남아 있는가?'로 질문의 문장 형식이 바뀌지만, 문제의 기본구조는 동일합니다.

'덜어내기'에 이어 두 번째 뺄셈 상황의 문제를 살펴봅시다.

(2) 속성이 다른 것의 개수

방 안에 8명이 있는데, 남자가 3명이고 나머지는 여자다. 방 안에 있는 여자는 모두 몇 명인가?

전체 8개가, 서로 다른 속성을 가진 두 개의 집합(남자와 여자)으로 구성되어 있다는 점에서 앞서 살펴본 '덜어내기'의 뺄셈 상황과는 출발점부터 차이가 있습니다. 방 안에 있는 사람들 중에서 '남자가 아닌 여자'가 몇 명인지, 즉 속성이 다른 것의 개수를 구하는 것입니다. 이를 집합으로 나타내면 여집합(餘集合, 餘는 제외한 나머지를 뜻한다)의 원소 개수를 구하는 것과 같습니다. 따라서 두 집합을 결합하는 '합하기'의 역에 해당합니다.

이 경우의 뺄셈은 질문 형식에서도 (1)의 덜어내기 상황과 차이를 보이는데, "얼마나 남아 있는가?"가 아니라 "…가 아닌 것은 몇 개인가?"라고 묻습니다.

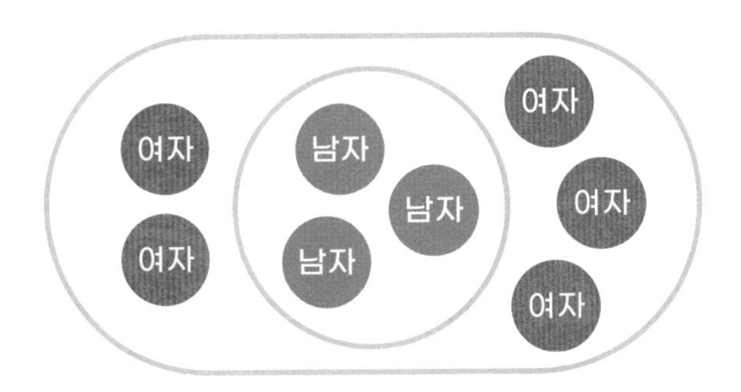

03

여러 얼굴을 가진 뺄셈

'더하기'의 역은 '덜어내기'이고 '합하기'의 역은 '…를 제외한 나머지 구하기'라는 사실을 살펴보았습니다. 뺄셈은 이외에도 여러 상황에 적용되는데, 세 번째는 '비교'하는 상황입니다.

(3) 비교에서의 차이

사과 8개와 배 3개가 있다. 사과는 배보다 몇 개 더 많은가?

이 상황은 그림에서 보듯 각각 8개와 3개인 두 대상을 배열하여 '차이'를 구하는 문제입니다. 질문 형식도 (1), (2)의 뺄셈과는 확연히 다릅니다. "얼마나 더 많은가?" "얼마나 더 적은가?" "차이는 얼마인가?"와 같은 형식으로 질문합니다.

이때의 답은 상황에 따라 다르게 표현할 수 있습니다. 예를 들면 더 많다 또는 더 적다, 더 길다 또는 더 짧다, 더 크다 또는 더 작다, 더 빠르다 또는 더 느리다, 더 비싸다 또는 더 싸다, 더 높다 또는 더 낮다, 더 무겁다 또는 더 가볍다, 더 두껍다 또는 더 얇다 등등입니다.

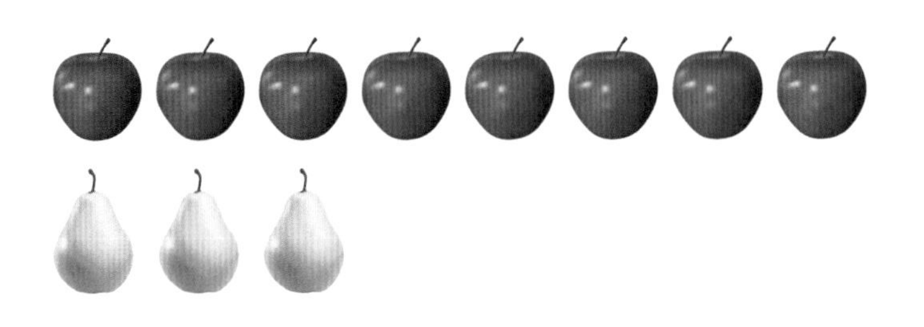

이번에는 네 번째 뺄셈 상황을 살펴봅시다.

(4) 감소하는 양

오늘 기온은 어제보다 3도 떨어졌다. 어제 기온이 8도였다면 오늘 기온은?

이 문제와 구조가 같은 예를 살펴봅니다.

"엘리베이터가 8층에서 출발하여 3층 내려갔다면 엘리베이터는 현재 몇 층에 있는가?"

"1kg짜리 추를 8개 쌓아올린 저울에서 3개를 내려놓으면 몇 kg인가?"

이 문제들은 줄어들거나 감소하는 상황을 나타내므로 '감산減算'이라는 용어가 적절합니다. 덧셈과 합산合算이 그랬듯, 뺄셈과 감산도 처음부터 같은 의미로 사용된 용어가 아니었음을 알 수 있습니다.

감산은 분리하여 덜어내거나 제거하는 것도 아니고, 속성이 다른 것을 제외하는 것도 아니며, 그렇다고 두 대상을 비교하여 차이를 구하는 것도 아닌 새로운 상황입니다. 물론 똑같이 8−3=5라는 뺄셈식으로 표현되지만.

감산을 수 세기와 관련지으면, 그 의미가 더 분명해집니다. 8층에서 3개의 층을 거꾸로 내려가고, 8개의 추에서 3개의 추를 내려놓고, 온도계의 눈금이 3칸 내려가므로 '거꾸로 세기'라 할 수 있습니다. 덧셈에서 보았던 '이어 세기'의 역을 말합니다.

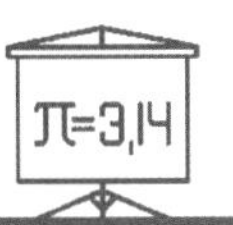

04

덧셈의 역으로서의 뺄셈

(5) 덧셈의 역

3살짜리 동생이 8살이 되려면 몇 해가 지나야 하나?

이 뺄셈은 지금까지 살펴본 네 가지 상황과는 사뭇 다릅니다. 8−3이라는 뺄셈식보다는 3에서 출발하여 8에 이르는 덧셈식이 더 어울릴 것 같으니까요.

$$3 + \square = 8$$

이 덧셈식에서 □ 안에 들어갈 수를 구하기 위해 뺄셈식 8−3이 필요합니다. 실제 생활에서는 이런 뺄셈 표현을 거의 찾아보기 어려운데, 꽤 오래 전 미국 몬태나

주의 어느 시골을 여행하다가 편의점에서 우연찮게 이를 목격할 수 있었습니다.

3달러 85센트짜리 자그마한 기념품을 사려고 점원에게 5달러 지폐를 건넸습니다. 그런데 점원이 거스름돈 1달러 15센트를 계산하는 방식이 매우 특이합니다!

"(한 손으로 기념품을 가리키며) 3달러 85센트, 그리고 (1달러 지폐를 그 옆에 놓으며) 4달러 85센트, (10센트 동전 한 개를 옆에 놓으며) 4달러 95센트, (1센트 동전 5개를 하나씩 세어 옆에 놓으며) 96, 97, 98, 99, 100, 5달러!"

그리고는 계산대 위에 놓인 거스름돈 1달러 15센트를 모아 건네는 것이었습니다. 아직도 기억에 또렷이 남아 있는데, 이 점원의 계산 방식에는 나름의 중요한 수학적 의미가 들어 있기 때문입니다. 점원의 계산법을 식으로 나타내면 다음과 같습니다.

$$\underbrace{385}_{\text{물건 가격}} + \underbrace{(100+10+1+1+1+1+1)}_{\text{거스름돈}} = \underbrace{500}_{\text{지폐}}$$

그러니까 점원은 500 − 385 = □라는 뺄셈을 385 + □ = 500이라는 덧셈으로 바꾸어 계산한 것입니다.

이 이야기를 듣고 혹시 이런 생각이 들진 않았나요?

"미국인들이 수학을 못한다는 게 사실인가 보네. 뺄셈 하나도 제대로 못하니 말이야. 간단한 계산을 참 어렵게도 하네!"

하지만 이런 반응은 수학을 단지 계산과 동일시하거나 수학적 원리를 잘못 이해하고 있음을 드러내는 것입니다. 편의점 점원의 뺄셈 풀이는 뺄셈의 수학적 정의를 그대로 반영한 것이므로, 그는 학교에서 배운 수학(그것도 초등수학보다 한 단계 높은 중등수학)을 실생활에서 문제 상황을 해결하는 데 제대로 이용한 것입니다.

뺄셈에 대한 수학적 정의는 다음과 같이 원래 덧셈을 토대로 만들어집니다.

$$\mathrm{a} - \mathrm{b} = x \quad \Leftrightarrow \quad \mathrm{b} + x = \mathrm{a}$$

이를 언어로 풀이하면 다음과 같습니다.

"뺄셈 a−b의 값은 b에 덧셈을 하여 a가 되는 수(x)를 말한다."

이 정의에 따르면, 예를 들어 뺄셈 8−3의 값은 3에 덧셈을 하여 8이 되는 수, 즉 5를 말합니다. 따라서 뺄셈은 하나의 독립된 연산이라기보다는 덧셈에서 파생된 것임을 위 정의에서 알 수 있습니다. '덧셈의 역'이 뺄셈이라는 것입니다. 계산 과정에서는 뺄셈과 덧셈이 동등한 위치지만, 수학적으로 뺄셈은 덧셈의 보조 역할을 담당할 뿐입니다.

이러한 '덧셈의 역'이라는 뺄셈에 대한 새로운 접근이 앞의 네 가지 접근과 확연히 다르다는 사실은 수 세기 활동에서도 확인할 수 있습니다. 앞의 네 가지는 모두 뺄셈의 대상인 피감수(빼어지는 수)에서 시작한다는 공통점을 갖고 있기 때문입니다. (1)덜어내기와 (2)속성이 다른 대상의 개수 구하기는, 피감수 8에서 그 일부인 3개를 제거하여 남는 것을 헤아리는 상황입니다. (3)비교에서 차이 구하기와 (4)감소하는 양 구하기는, 8과 3을 비교하여 차이를 헤아리거나 8에서 시작해 3만큼 거꾸로 세는 것이므로 역시 피감수 8에서 시작합니다.

그러나 뺄셈을 덧셈의 역의 관계로 관점을 전환하면, 피감수 8이 아닌 감수(빼는 수) 3에서 출발하는 새로운 발상이 필요합니다. 이를 수직선 위에 나타내면 더 분명하게 알 수 있는데, 전체가 아닌 '부분'인 3에서 출발하여 오른쪽에 위치한 '전체'인 8이라는 종착점에 이르도록 해야 합니다. 따라서 양의 방향인 오른쪽으로 5만큼 가야 한다는 사실을 확인하여 8−3=5를 얻습니다.

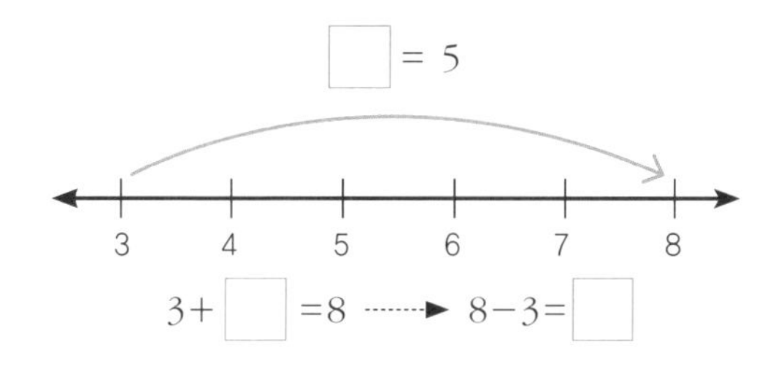

뺄셈에 대한 이러한 관점의 변화, 즉 피감수가 아닌 감수에서 출발한다는 발상의 전환은 뺄셈을 어렵게 느껴지도록 만드는 요인 가운데 하나입니다. 그럼에도 이러한 뺄셈에 대한 수학적 정의는 매우 중요한 개념으로서 중학교의 사칙연산, 특히 뺄셈에서 매우 중요한 단서로 작용합니다.

중학교에서는 음수가 도입되면서 수의 범위가 정수로까지 확장됩니다. 따라서 정수 전체를 대상으로 하는 사칙연산도 새롭게 정의해야만 합니다. 이때 가장 받아들이기 어려운 것 중 하나가 다음과 같은 음수의 뺄셈입니다.

$$(+2) - (-3) = (+2) + (+3) = +5$$

뺄셈이 덧셈으로, 음수(−3)가 양수(+3)로 바뀌는데 왜 그렇게 되어야 하는지 선뜻 받아들이기 어려울 뿐 아니라 제대로 설명하기도 어렵습니다. 학생들만이 아니라 가르치는 선생님들도 마찬가지입니다. 그래서 실제로 인터넷 강의나 교실 수업에서 다음과 같이 설명하는 것을 들을 수 있습니다.

"수학자들이 음수 계산의 규칙을 만들었어요. 음수를 뺄 때는 양수로 부호를 바꿔 더하는 것으로!"

이는 사실상 설명이 아니라 일종의 명령입니다. 선생님 스스로도 민망했던지 여기서 한 걸음 더 나아가 다음과 같은 변명을 덧붙이기도 합니다.

"수학은 약속에서 출발하는 학문이야. 그러니까 약속을 잘 지키는 것은 사회생활에서뿐만 아니라 수학에서도 필요하다. 수학을 잘하는 첫 번째 조건은 약속을 잘 지키는 것!"

글쎄요, 유감스럽게도 지금까지 알고 있는 수학이라는 학문에 비추어볼 때 이러한 가르침에는 동의하기 힘듭니다. 약속, 즉 수학적 정의를 토대로 수학적 추론이 이루어진다는 것은 틀리지 않습니다. 하지만 수학자들은 약속을 무턱대고 받아들이지 않습니다. 일단 그 약속이 왜 필요한지 의심하고 스스로 확신해야만 그 다음 추론을 이어갈 수 있으니까요.

수학을 배우는 과정도 수학자들처럼 해야 합니다. 주어진 약속을 그대로 받아들이기보다는 왜 그런 약속이 필요한지 의문을 품고 비판적으로 살펴보는 것이 수학적 활동이며 수학 학습의 핵심입니다. 이제 음수의 뺄셈을 이러한 관점에서 재검토해 봅시다.

뺄셈 (+2) − (−3)을 덧셈 (+2) + (+3)으로 전환하는 것은 그냥 정해진 규칙이 아닙니다. 나름의 타당한 이유가 있으며, 이를 밝히는 것이 뺄셈 이해의 핵심입니다. 간혹 음수의 뺄셈을 가르친다고, '기온이 영하 5도나 내려갔다' 또는 '−5원의 부채가 발생했다'와 같은 황당한 문장을 제시하여 마치 실생활에서의 예를 드는 것처럼 호도하는 경우가 있습니다. 결론에 맞추어 억지로 꾸며낸 상황이 오히려 혼란을 초래할 뿐입니다. 자연수에서 정수로 수의 범위가 확장되어도 연산의 의미가 전혀 훼손되지 않고 통용될 수 있는 일반적인 원리를 제시해야 마땅합니다.

앞에서 자연수 덧셈과 뺄셈의 의미를 수직선 위에서 살펴본 이유를 이제 분명히 확인할 수 있습니다. 다음과 같이 수직선 모델은 음수 뺄셈에도 일관되게 적용할 수 있으니까요.

뺄셈 $(+2)-(-3)=\square$는 덧셈 $(-3)+\square=(+2)$와 같습니다. 따라서 빼는 수(감수)인 -3에서 출발하여 종착점인 피감수 $+2$까지 얼마만큼 떨어져 있는가를 구해야 합니다. 이때 $+2$가 -3의 오른쪽에 있음에 주목합니다. 따라서 -3에서 출발하여 오른쪽인 양의 방향으로 5만큼 이동하면 $+2$에 도착하게 됩니다. 즉, $(-3)+(+5)=+2$이므로 $(+2)-(-3)=+5$가 되는데, 이는 결국 $(+2)+(+3)$과 같다는 결론에 이릅니다.

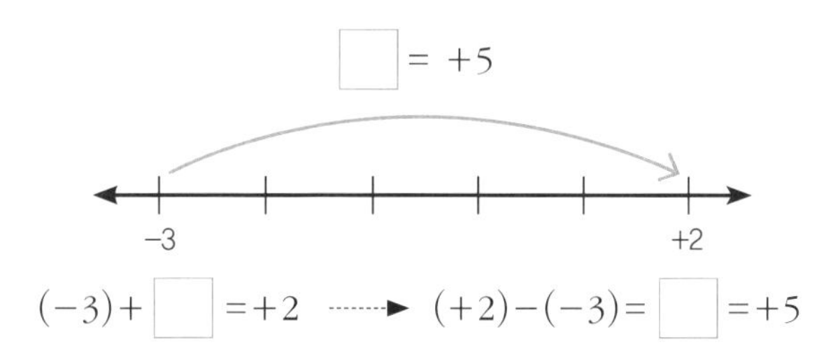

음수끼리의 뺄셈 $(-5)-(-3)$도 다르지 않습니다. 뺄셈 $(-5)-(-3)=\square$은 덧셈 $(-3)+\square=-5$와 같으므로 감수(빼는 수) -3에서 출발하여 종착점인 피감수 -5까

지 얼마만큼 떨어져 있는가를 구해야 합니다. 이때 −5가 −3의 왼쪽에 있음에 주목합니다. 따라서 −3에서 출발하여 왼쪽, 즉 음의 방향으로 2만큼 이동하면 −5에 도착하게 됩니다.

즉, (−3)+(−2)=(−5)이므로 (−5)−(−3)=−2가 되는데, 이는 결국 (−5)+(+3)과 같다는 결론에 도달합니다. 수직선 모델이 얼마나 쓸모 있는지 여기서도 확인할 수 있습니다.

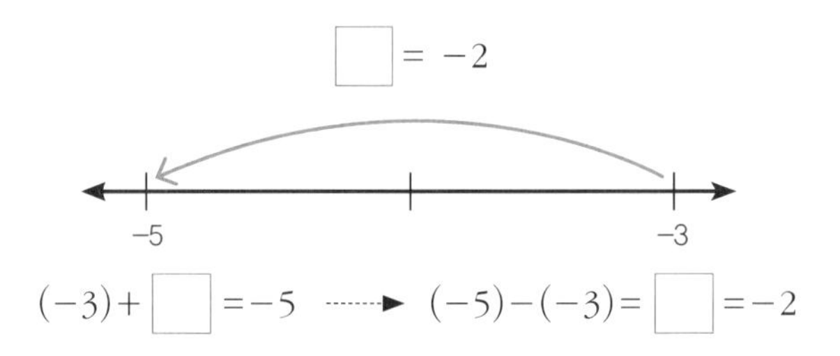

지금까지 뺄셈의 의미에 대하여 살펴보았습니다. 다양한 뺄셈 상황의 연산 구조를 이해하는 것이 단순한 정답 구하기와는 다르다는 것을 알 수 있었습니다. 이처럼 수학 학습의 본질은 능숙한 계산 기능의 습득이 아니라 구조에 대한 이해이며, 이는 곧 수학자가 수학을 하는 것과 다르지 않습니다.

초등학교 수학의 덧셈과 뺄셈은 매우 단순한 것 같지만 겉으로 보이는 것은 빙산의 일각에 불과합니다. 빙산 전체를 떠받치는 심오한 수학의 세계라는 거대한 본체가 수면 밑에서 천천히 살아 움직이고 있고 우리는 그 가운데 몇몇을 조금이나마 살펴보았습니다. 그 거대한 본체를 찾는 작업은 다음 곱셈과 나눗셈에서도 계속 이어집니다.

수학이야기 04

등호 '=', 생애 최초로 만나는 수학기호

등호에 대한 오개념

2009년 프랑스 리옹에서 개최된 유럽수학교육연구회에서 카를로 마르치니는 다음과 같은 문제를 제시하였습니다. 직접 이 문제를 풀어보세요.

문제 1 다음 식의 □ 안에 알맞은 수를 써넣으세요.

$48 - \square = 47 - \square = 46 - \square = \square$

혹시 다음과 같이 풀었는지 확인해보세요.

$48 - \boxed{1} = 47 - \boxed{1} = 46 - \boxed{1} = \boxed{45}$

만일 위와 같이 풀었다면, 지금까지 등호를 어떻게 사용하는지 정확히 이해하지 못한 채 수학을 배운 것입니다. 등호는 등식의 좌변과 우변이 같다는 관계를 나타내는 기호입니다. 그런데 위의 풀이에서는 등식의 좌변과 우변이 같지 않습니다. 등호가 부적절하게 사용된 것입니다. 이 문제에 대한 올바른 풀이는 다음과 같이 여럿 있을 수 있습니다.

(1) $48 - \boxed{48} = 47 - \boxed{47} = 46 - \boxed{46} = \boxed{0}$
(2) $48 - \boxed{2} = 47 - \boxed{1} = 46 - \boxed{0} = \boxed{46}$
(3) $48 - \boxed{3} = 47 - \boxed{2} = 46 - \boxed{1} = \boxed{45}$

오랜 역사를 자랑하는 이탈리아 파르마 대학의 카를로 마르치니는 등호 개념의 실태를 파악하기 위해 초등, 중등, 대학생까지 총 1,147명의 학생을 대상으로 실험을 하였습니다. 이 문제는 그들에게 제시된 여러 문제들 가운데 하나로서 '등호 관계와 구조적 성질'이라는 제목의 발표에서 소개되었습니다. (http://ife.ens-lyon.fr/editions/editions-electroniques/cerme6/)

실험 결과에 따르면, 전체 학생 가운데 1,050명이 이 문제의 답을 제출하였는데 그중 632명만이 정답을 맞춰 정답률이 약 60%에 그쳤다고 합니다. 초등학교와 중학교 학생들의 정답률은 57%, 고등학교 학생은 61%였습니다. 놀라운 사실은 대학생의 정답률이 83%에 불과했다는 것입니다.

	정답률
초등학생	57%
중학생	57%
고등학생	61%
대학생	83%
전체	60%

대학생들의 정답 유형과 그 비율은 각각 다음과 같습니다.

(1) 48 − [48] = 47 − [47] = 46 − [46] = [0] ⟶ 2/112(약 2%)

(2) 48 − [2] = 47 − [1] = 46 − [0] = [46] ⟶ 7/112(약 6%)

(3) 48 − [3] = 47 − [2] = 46 − [1] = [45] ⟶ 68/112(약 61%)

(4) 기타 정답 ⟶ 35/112(약 31%)

오답을 제출한 약 17%의 대학생들은 대부분 다음과 같은 오답을 제출하였다고 합니다.

48 − [1] = 47 − [1] = 46 − [1] = [45]

사실 이는 다음과 같은 풀이 과정에서 일부를 생략한 것입니다.

48−1= 47

47−1= 46

46−1= 45

즉, 48−3=45라는 뺄셈의 풀이과정을 등호로 연결하여 하나의 식으로 잘못 나타낸 것입니다.

마르치니의 실험은 이탈리아 학생들을 대상으로 한 것이었지만, 우리나라 학생들의 경우도 크게 다르지 않습니다. 우리나라 초등학교에서 다음과 같은 풀이를 심심찮게 발견할 수 있으니까요.

6+7=6+4=10+3=13

덧셈 6+7을 실행하여 13이라는 결과를 얻는 풀이 과정에서 등호를 잘못 사용한 것입니다. 등호를 올바르게 사용하여 나타내면 다음과 같습니다.

6+7=6+4+3=10+3=13

그런데 두 번째 식인 6+4+3에서 +3을 생략하고 6+4=10을 한 후 등호를 연결하고는 3을 더한 것입니다. 하지만 6+7와 6+4가 같을 수 없으므로 등호로 연결하면 안 되는 것이죠.

이와 유사한 등호 사용의 오류를 중학교 이상의 학생들의 수학문제 풀이에서도 발견할 수 있는데, 예를 들면 다음과 같습니다.

문제 2 $x=5$일 때, $15-2x$의 값을 구하라.

잘못된 풀이: $15-2x = 2(5) = 10 = 15-10 =5$

올바른 풀이: $15-2x = 15-2(5) = 15-10 = 5$

문제의 답은 맞았지만 등호를 잘못 사용하였으므로 올바른 풀이가 아닙니다. 그렇다면 학생들은 왜 마르치니의 실험에서와 같은 오류를 범하게 되었을까요?

하나의 기호에 두 가지 의미

등호는 대부분의 학생들이 생애 최초로 접하는 수학기호이며, 다음과 같은 덧셈에서 만나게 됩니다.

$$3+2=5$$

이 덧셈을 일상적 언어로 나타내는 방식에는 다음과 같은 두 가지가 있습니다.

(1) 3에 2를 더하면 5이다.(3 add 2 makes 5.) : 변환

(2) 3과 2를 더하면 5와 같다.(3 add 2 is the same as 5.) : 동치관계

(1)에서의 등호는 '~면 얼마가 된다'는 변환의 의미로 사용됩니다. 예를 들어 덧셈 3+2=5는 일상적

언어로 '사탕 3개를 갖고 있었는데 2개의 사탕을 더 얻으면 모두 5개의 사탕을 갖게 된다'라고 나타낼 수 있고, 이때의 등호는 변환의 뜻을 담고 있습니다. 영어에서도 '3 add 2 makes 5'라고 하여 makes라는 단어가 변환을 뜻합니다.

한편, 덧셈 3+2=5를 다음과 같은 수직선 위에 나타내면 덧셈 3+2의 결과가 5와 같음을 파악할 수 있습니다. 이때의 등호는 (2)에서와 같이 좌변과 우변이 같다는 동치관계를 나타냅니다. 덧셈과 뺄셈을 배울 때 수직선 모델의 도입이 중요한 또 하나의 이유를 여기서 확인할 수 있네요.

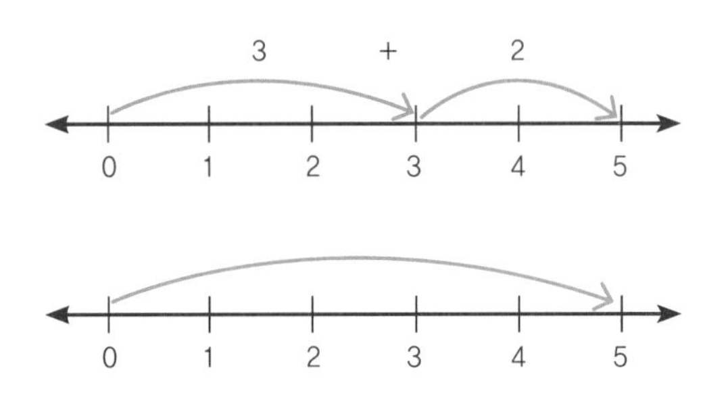

어쨌든 변환과 동치관계라는 등호의 두 가지 의미를 파악하기 위해서라도 간단한 덧셈이지만 여러 다양한 상황을 자연스럽게 접할 수 있는 기회를 제공할 필요가 있습니다. 물론 등호는 덧셈/뺄셈, 곱셈/나눗셈과 같은 사칙연산에서만 나타나는 것은 아닙니다.

분수 $\frac{4}{6}$와 $\frac{2}{3}$를 예로 들어봅시다. $\frac{4}{6}$는 피자 한 판을 여섯 등분한 것 가운데 4조각을 가리키고, $\frac{2}{3}$는 세 등분한 것 중에 두 조각을 가리킵니다. 따라서 이를 분수로 나타낸 $\frac{4}{6}$와 $\frac{2}{3}$는 각각 분모와 분자가 다르므로 서로 다른 분수입니다. 하지만 그 결과는 결국 같은 양을 나타내므로 두 분수의 값은 같을 수밖에 없으며 따라서 $\frac{4}{6}=\frac{2}{3}$으로 나타냅니다. 이때의 등호는 동치관계를 말합니다.

반면에 분수의 분모와 분자를 같은 수로 나누어도 값이 변하지 않는다는 성질을 적용하면, 분수 $\frac{4}{6}$의 분모와 분자를 최대공약수 2로 나누어 우변의 분수 $\frac{2}{3}$로 만들 수 있습니다. 이를 $\frac{4}{6}=\frac{2}{3}$로 나타내면, 이때의 등호는 좌변의 분수 $\frac{4}{6}$가 약분에 의해 우변의 분수 $\frac{2}{3}$로 변환되었음을 말합니다. 그러므로 $\frac{4}{6}=\frac{2}{3}$에서의 등호는 두 분수의 동치관계를 나타내면서 동시에 변환의 뜻도 나타냅니다.

학생들은 수많은 등식을 다루면서 변환과 동치관계라는 두 가지 의미의 등호를 접하게 됩니다. 변환을 나타내는 등호는 "더하면(또는 약분하면) 얼마?"로, 동치는 "~와 ~는 같다"로, 두 의미의 일상적 언어도 구분됩니다. 그럼에도 학생들은 처음에는 이러한 구분을 매우 자연스럽게 받아들이며 등호를 어렵지 않게 사용할 수 있었습니다.

그런데 학생들은 얼마 지나지 않아 계산문제 연습에 함몰되는 처지에 놓일 수밖에 없습니다.

계산 기능을 익히는 과정에서 '3+2='와 같은 덧셈은 '3 더하기 2는 얼마?'와 같이 읽히면서 이때의 등호는 계산의 답을 구하는 변환으로서의 의미만 강조될 수밖에 없습니다. 이것이 고착화되면, 점차 등식의 좌변과 우변이 같은 관계를 나타낸다는 동치관계로서의 등호에 대한 의미는 자연스럽게 잊어버릴 수 있습니다.

실제 우리나라 초등학교 4학년 학생들을 대상으로 조사해보았더니 약 80%의 학생이 등호의 의미를 동치관계가 아닌 변환으로서만 인식하고 있다는 사실이 드러났습니다. 아이들은 등호 '='를 덧셈 기호 '+'와 같은 연산기호로 오인하고 있었던 것입니다. 마르치니의 실험에서 나타난 이탈리아 학생들도 마찬가지였습니다. 그렇다면 이를 해결하기 위한 지도 방안은 어떤 것이 있을까요?

등호의 두 가지 의미를 지도하는 방안

등호를 '~면 얼마?'와 같이 연산의 결과를 구하는 변환의 의미가 아닌, 좌변과 우변의 동치관계를 가리키는 원래 등호의 뜻을 파악할 수 있도록 하려면 어떻게 지도하는 것이 바람직할까요?

우리 아이들이 등호 '='를 처음 접하는 기회는 연산기호인 '+' 또는 '−'와 함께 덧셈과 뺄셈을 배울 때입니다. 교과서를 비롯한 교육과정이 그렇게 구성되어 있기 때문입니다. 하지만 등호는 그 이전에 도입할 수도 있습니다. 한 자리 수의 아라비아 숫자 1, 2, 3, …, 9를 배우면서 자연스럽게 두 수의 크기를 비교하게 되는데, 이때 등호를 부등호와 함께 도입하자는 것입니다. 다음은 그 예시입니다.

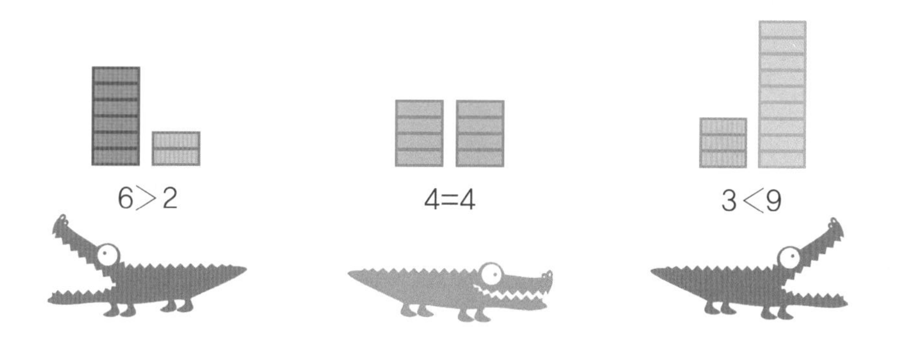

부등호와 등호를 도입하기 위해 형상화한 악어 입 삽화가 참신해 보이지 않나요? 위의 활동은 앞으로 연산기호와 함께 사용해야 할 등호가, 부등호와 함께 어떤 두 수량의 크기를 비교하는 관계를 나타내는 기호라는 사실을 인지시키는 효과를 거둘 수 있습니다. 그럼으로써 동치관계를 나타내는 등호의 의미가 좀 더 부각될 수 있으니까요.

먼저 부등호와 등호를 도입하고 나서, 다양한 상황에서 이 두 기호를 활용하는 연습을 권장합니다. 다음과 같은 삽화에 제시된 두 개의 토막 개수를 숫자로 나타내고, 이 두 수의 관계를 등호 또는 부등호로 나타낼 수 있음을 체험하도록 합니다.

(문제 2) 보기와 같이 수를 써넣고 > < = 중 알맞은 것을 써 넣으세요.

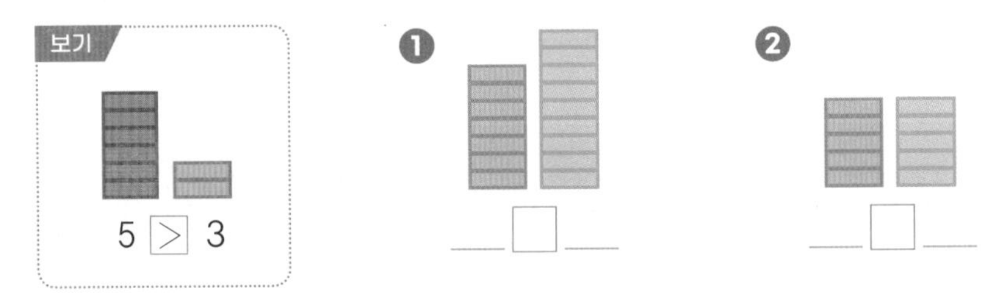

이어서 '같다', '크다', '작다'라는 일상적 언어를 수학적 기호인 등호나 부등호로 표현할 수 있는 기회를 제공합니다.

(문제 3) 보기와 같이 빈곳에 알맞게 써 넣으세요.

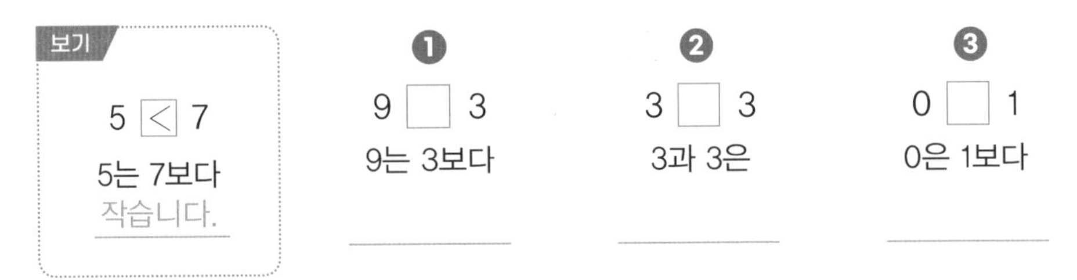

그리고 양팔저울을 소재로 한 문제로 이어집니다. 덧셈과 뺄셈을 양팔저울 모델에서 실행함으로써 왼쪽과 오른쪽에 놓인 구슬의 개수가 같아지는 것을 확인하면서 등호의 의미를 다시 한 번 되새겨보도록 합니다.

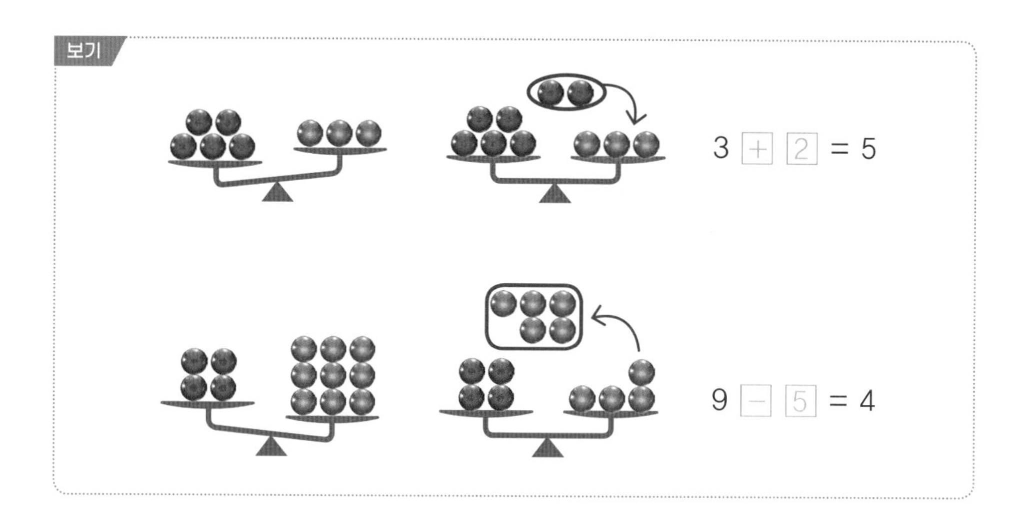

이제 덧셈과 뺄셈을 본격적으로 도입하여 연산에서 등호를 사용합니다. 그런데 기존의 등식과 조금 다른 점에 주목하세요.

문제 3 **보기와 같이 빈곳에 알맞게 써 넣으세요.**

6 = 5 + 1

6 = ______

6 = ______

6 = ______

6 = ______

5+1=6이 아닌 6=5+1이라는 등식의 표현을 익힘으로써 등호가 "~이면 얼마?"라는 연산의 결과를 나타내는 변환의 의미를 넘어서 왼쪽 항과 오른쪽 항이 같음을 나타내는 동치관계를 강조한 것입니다.

어른들을 위한 초등수학

05

곱셈의 두 얼굴

01

프랑스 농부들의 계산법

흔히 '즐거운 여름방학'이라고들 하지만, 우리나라 초등학교 2학년 아이들에게는 인내심을 요구하는 고통스러운 여름방학이라고 합니다. 수학 때문에 그렇다는데, 자초지종을 들여다볼까요?

초등학교 수학 2학년 1학기 마지막 단원은 곱셈이 무엇인가에 관한 내용입니다. 예를 들면 곱셈 2×3은 2를 세 번 더한 2+2+2와 같다는 것을 익히고 어떻게 계산하는지 배웁니다. 그리고 여름방학을 지나 2학기가 시작되면, 첫 단원에서 곱셈구구를 다루게 됩니다. 따라서 2학년 수학의 전체 교육과정을 알고 있는 담임 선생님은 여름방학 과제로 구구단 암기를 내줍니다.

숙제 따위는 까마득히 잊어버리고 마음껏 놀던 아이들은, 방학이 끝나갈 8월 중순경 부모님으로부터 방학숙제를 점검받기 시작합니다. 그리고 방학숙제가 곱셈구구 암기라는 사실이 드러나면서 집안 분위기는 싸늘해집니다. 그리고는 이내 곱셈구구를 암기하는 아이의 목소리와 이를 채근하는 엄마(아빠)의 목소리로 온 집안이 시끌벅적해집니다.

이렇게 2학년 아이들의 여름방학은 지나갑니다. 교육과정에 커다란 변화가 없다면 아마도 이런 현상은 앞으로도 계속될 것 같습니다.

그렇다면 곱셈구구는 반드시 암기해야만 할까요?

곱셈구구 암기를 강요하는 것은 학교교육의 산물임에 틀림없습니다. 요약정리에 특히 뛰어난 일본과, 그 영향을 받은 한국의 학교교육에서 곱셈구구는 반드시 암기해야 할 내용이었고, 이를 위해 구구단송이라는 노래까지 등장하기에 이르렀습니다.

학교교육이 없었던 시절에도 곱셈구구는 필요했습니다. 오랜 옛날부터 프랑스 농촌 사람들은 손가락으로 곱셈구구를 했다고 합니다. 예를 들어 6 × 7 = 42라는 곱셈의 값을 얻기 위해 그들은 다음과 같은 절차를 밟았습니다.

① 6은 5+1이므로 5를 제외한 1을 왼손 손가락 한 개를 접어 나타낸다.

② 7은 5+2이므로 5를 제외한 2를 오른손 손가락 두 개를 접어 나타낸다.

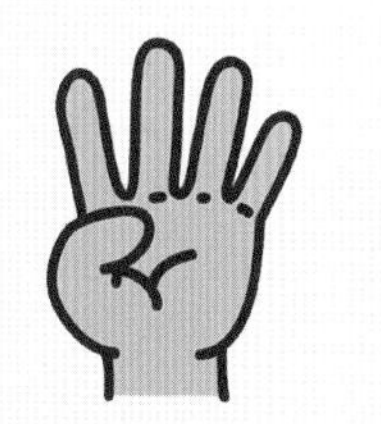

③ 양 손에 접은 손가락 개수 3개에 10을 곱하여 30을 얻는다.

④ 접혀지지 않은 손가락이 왼쪽 손에 4개, 오른쪽 손에 3개가 있다. 이 두 수를 곱하여 4×3=12를 얻는다.(4와 3은 작은 수이기에 4를 3번 더하는 암산이 가능하다.)

⑤ 30과 12를 더한 42가 6×7의 곱이다.

손가락을 이용해 곱셈구구의 답을 얻을 수 있으니 정말 깜찍한 방법입니다. 하지만 여기에도 수학적 원리가 들어 있습니다. 프랑스 농촌 사람들이 애용했던 곱셈구구에 어떤 원리가 들어 있는지 수식으로 나타내어 보았습니다.

$$
\begin{aligned}
6\times7 &= (10-6)\times(10-7)-100+6\times10+7\times10 \\
&= (10-6)\times(10-7)-100+(5+1)\times10+(5+2)\times10 \\
&= 4\times3-100+5\times10+5\times10+1\times10+2\times10 \\
&= \underline{4\times3}-100+50+50+\underline{(1+2)\times10} \\
&= 12+30 \\
&= 42
\end{aligned}
$$

참 복잡한 식입니다!

물론 옛날 프랑스 농부들이 이런 수식을 떠올리며 손가락으로 곱셈구구를 해결했던 것은 아닙니다. 그들의 손가락 곱셈이 옳다는 것을 증명해보인 수식일 뿐이니까요. 이 증명을 어떻게 얻을 수 있었는지 좀 더 자세히 살펴봅시다.

먼저 6×7을 계산하기 위해 왼손을 펴서 손가락 4개는 그대로 둔 채 1개만 접고, 오른손 손가락 3개는 펴고 2개만 접은 것을 어떻게 식으로 나타낼 수 있을까에 초점을 두었습니다. 접지 않은 양쪽 손가락 개수인 4와 3을, 곱셈 6×7과 연계하기 위해 각각 (10−6)과 (10−7)로 나타냈습니다. 두 수의 곱인 4×3은 셋째 줄에 나타납니다. 접은 양쪽 손가락 개수인 1과 2는 각각 6=5+1과 7=5+2로 나타냈습니다. 이들의 합인 3에 왜 10을 곱할 수밖에 없었는지는 4번째 줄에서 알 수 있습니다.

물론 이런 곱셈 방식은 5보다 큰 수의 곱셈구구, 즉 6×6, 6×7, 6×8, 6×9, 7×7, 7×8, 7×9, 8×8, 8×9, 9×9를 구할 때에만 적용됩니다. 5 이하의 작은 수에 대해서는 아마도 암산으로 처리했을 것입니다. 5×3의 경우 5를 3번 더하면 되니까요.

어쨌든 옛날 프랑스 농촌 사람들의 손가락 곱셈이 조금 복잡해보이지만 나름대로 간단하기도 하고 신기할 따름입니다.

학교교육에서 반드시 알아야 할 지식 중의 하나가 곱셈구구인 것은 어쩌면 당연합니다. 앞에서 곱셈구구를 암기해야 하는 2학년 아이들의 여름방학이 불행한 시기라고 조금 과장되게 말했지만, 반드시 우리나라에만 국한된 이야기는 아닙니다.

하지만 뒤에서 밝혀지겠지만 곱셈구구는 강요된 암기만이 유일한 해결책은 아닙니다. 곱셈구구도 엄연히 수학적 지식인만큼 '수학답게' 익혀야 합니다. 여기서 수학답게라는 표현은 '패턴의 발견'을 말하는데, 이는 '5장 08. 곱셈구구, 반드시 외워야 할까'에서 자세히 살펴보기로 하고 우선 곱셈의 의미를 탐색하려 합니다.

02

덧셈에서 출발한 곱셈(동수누가)

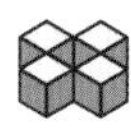

2×5=10과 같이 간단한 곱셈식도 상황에 따라 의미하는 바가 전혀 다를 수 있습니다. 덧셈과 뺄셈이 그랬던 것처럼, 똑같은 하나의 곱셈식에서 각기 다른 구조를 발견하게 됩니다. 그러므로 곱셈식의 의미를 이해하는 것과 곱셈의 답을 구하는 것은 별개입니다.

우선 가장 많이 사용되는 대표적인 곱셈의 의미를 덧셈에서 추론할 수 있습니다. 같은 수를 반복하여 더하는, 즉 동수누가同數累加를 말합니다.

이 문제의 정답은 곱셈은커녕 덧셈조차 배우지 않은 유치원 아이들도 말할 수 있습니다. 오리 다섯 마리의 다리 개수를 일일이 헤아리면 됩니다. 덧셈을 배웠다면 2+2+2+2+2=5로 나타낼 수 있습니다. 이때 곱셈기호 ×를 도입하여 덧셈식을 더 단순하게 나타낼 수 있습니다.

$$2 + 2 + 2 + 2 + 2 = 2 \times 5$$

그러므로 곱셈식 2×5는 '2의 5배', 다시 말하면 2를 다섯 번 더하는 덧셈식 2+2+2+2+2와 같습니다. 즉, 곱셈식 2×5에서 '곱해지는 수(피승수) 2'는 오리 한 마리의 다리 개수 2입니다. 이는 하나의 단위 또는 하나의 묶음에 들어 있는 개수입니다. 그리고 '곱하는 수(승수) 5'는 오리 다섯 마리를 가리키므로 단위(묶음)의 개수를 말합니다. 따라서 곱셈식 2×5는 2를 5번 거듭하여 더하는 '동수누가同數累加'의 원리를 식으로 표현한 것입니다.

수직선 모델을 사용하면 이 과정을 눈으로 더 쉽게 확인할 수 있습니다.

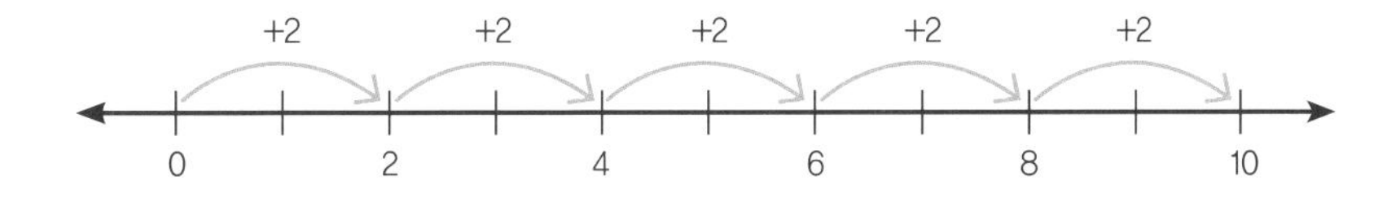

같은 수를 반복해 더하는 동수누가의 원리를 적용한 곱셈은 수 세기나 덧셈에서 매우 유용하게 쓰입니다. 예를 들어 3을 100번 더하려면 숫자 3을 '+' 부호와 함께 100번이나 길게 써야 하는데 곱셈 기호를 이용하면 3×100과 같이 간단히 표기할 수 있습니다.

$$3+3+3+3+3+3+3+3+3+3+3+3+3+3+3+3+3+$$
$$3+3+3+3+3+3+3+3+3+3+3+3+3+3+3+3+3+$$
$$3+3+3+3+3+3+3+3+3+3+3+3+3+3+3+3+3+$$
$$3+3+3+3+3+3+3+3+3+3+3+3+3+3+3+3+3+$$
$$3+3+3+3+3+3+3+3+3+3+3+3+3+3+3+3+3+3$$
$$+3+3+3+3$$

$$=\mathbf{3\times100}$$

03

의미가 다른 우리말과 영어의 곱셈

곱셈 2×5=10은 2+2+2+2+2=10, 즉 2를 5번 더한 덧셈과 같다고 하였습니다.

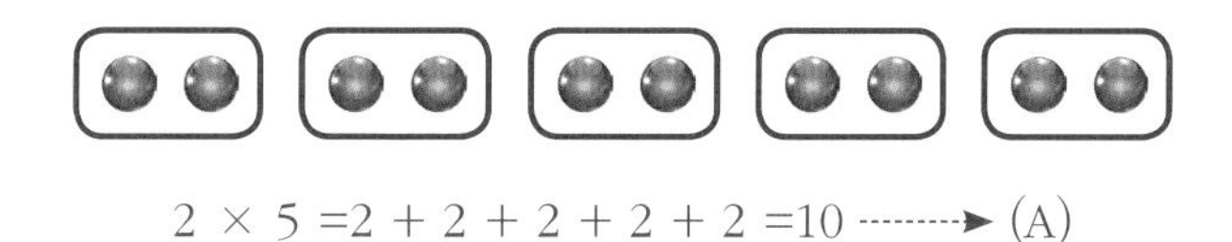

2 × 5 =2 + 2 + 2 + 2 + 2 =10 ----------► (A)

같은 방식으로 5×2=5+5=10, 즉 5를 2번 더한 것인데 그 결과는 2×5=10과 같습니다.

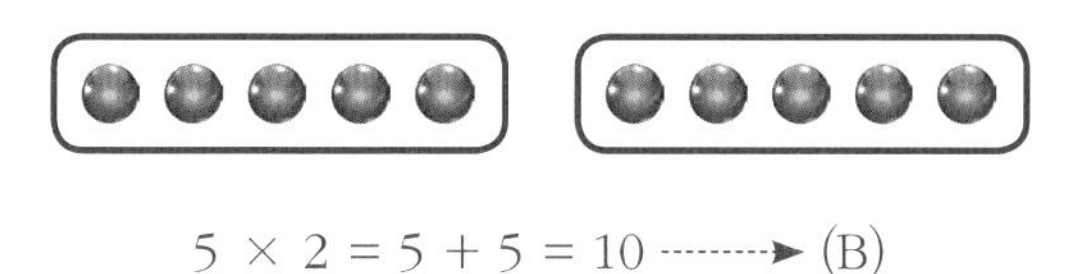

이처럼 (A)와 (B)의 결과가 같으므로 굳이 구별하지 않아도 된다고 여길 수도 있습니다. 그러나 '빨갛다, 발갛다, 붉다, 발그스레하다, 벌겋다' 등은 보통 빨간색을 일컫는 단어지만 의미상 미묘한 차이가 있습니다. 하물며 엄밀함과 정확함을 중요시하는 수학식에서 숫자의 위치가 바뀌었을 때 그 의미는 차이가 있을 수밖에 없습니다.

일반적으로 '2 곱하기 5' 또는 '2의 5배'를 가리키는 곱셈식 2×5는, 2+2+2+2+2라는 덧셈을 말합니다. 단위 묶음의 양인 2를 먼저 밝히고 나서 묶음의 개수가 5라는 것을 제시하므로, 2×5는 2개를 하나의 묶음으로 할 때 다섯(5) 묶음에 들어 있는 전체 개수를 가리키는 '관례'를 따릅니다.

여기서 '관례'라고 한 이유는, 그것이 필연적으로 성립하는 수학적 법칙이라 할 수 없기 때문입니다. 영어권에서는 2×5를 우리와는 다른 의미로 풀이하는데, '2(two) times 5(five)' 또는 '5 multiplied by 2' 또는 '2 sets of 5'라고 해서 5의 2배라는 뜻입니다. '5개씩의 2묶음'을 뜻하므로 5+5를 가리킵니다.

그러니까 우리는 2×5를 덧셈 2+2+2+2+2와 동일시하지만, 영어권을 비롯한 유럽인들은 우리와는 정반대로 5+5를 가리킵니다. 영어 표현 'two times as much money', 'twice as many boys', 'one−half of that pizza' 등에서 보듯 '단위 묶음의 양'보다 '묶음의 개수'를 먼저 드러내 보여주는 것입니다. 우리와는 다른 문법체계 때문에 나타나는 현상으로, 수학식은 만국공용어라지만 해석은 그 나라 언어의 문법체계를 벗어날 수 없기 때문에 앞에서 관례라는 단어를 사용하였습니다.

실제로 대부분의 사람들은 3×2와 2×3의 결과가 같으므로 굳이 구분할 필요가 없다고 여기지만, 자연수가 아닌 '소수와 분수의 곱셈'에서는 다릅니다. 예를 들어 분수의 곱셈 $\frac{1}{2}\times 3$과 $3\times\frac{1}{2}$의 경우, $\frac{1}{2}\times 3$은 $\frac{1}{2}$이 3개 있다는 뜻이지만 $3\times\frac{1}{2}$은 3의 절반, 즉 3의 $\frac{1}{2}$배(3이 $\frac{1}{2}$개 있다고는 말할 수 없다)의 의미입니다. 물론 그 결과는 같지만!

더 자세한 이야기는 이 책의 시리즈 『어른들을 위한 초등수학_분수편』에서 살펴봅시다.

04

곱셈의 교환법칙 : 2개씩 5묶음 vs 5개씩 2묶음

145페이지 그림 A와 B에서 보듯 '2개씩 5묶음'과 '5개씩 2묶음'은 전혀 다른 상황입니다. 그럼에도 결과는 모두 10이므로, 다음과 같은 식으로 나타낼 수 있습니다.

$$(A)\ 2\times5 = 5\times2\ (B)$$

곱셈의 이러한 성질은 "두 수의 곱셈에서 숫자의 위치가 바뀌어도 그 값은 변하지 않는다"로 기술할 수 있는데, 이를 '곱셈의 교환법칙'이라 합니다. 그런데 교환법칙은 곱셈뿐 아니라 2+3=5=3+2와 같이 덧셈에서도 성립합니다. 3에 2를 더하나 2에 3을 더하나 그 결과는 같으니까요. 물론 3에서 2를 빼는 3−2와, 2에서 3을 빼는 2−3은 전혀 다르므로 뺄셈에서는 교환법칙이 성립할 수 없습니다.

대부분 덧셈의 교환법칙은 자연스럽게 받아들입니다. 덧셈을 배우기 전에 이미 수 세기에서 같은 상황을 경험하였기 때문입니다. '이어 세기'가 그것이었습니다.

예를 들어 사과 2개가 들어 있는 상자에 사과 7개를 넣는 경우, 2개에서 출발하여 사과 7개를 차례로 짚으며 '3개, 4개, …, 9개'라고 헤아리면 전체 개수 9개를 얻습니다. 그런데 어느 정도 수 감각이 향상된 아이는 2개가 아니라, 7개로부터 수 세기를 시작합니다. 즉, 넣는 사과 7개에서 시작하여, 원래 들어 있던 사과를 하나씩 가리키며 8개, 9개라고 셉니다. 따라서 수 세기 활동에서 이와 같은 이어 세기를 할 수 있다는 것은 곧 덧셈의 교환법칙에 대한 개념이 형성되어 있음을 뜻합니다.

하지만 곱셈의 교환법칙은 자연스럽게 받아들일 수가 없습니다. A와 B 그림에서 확인했듯이 2×5(A)와 5×2(B)는 시각적으로도 전혀 다른 상황이므로 처음부터 두 상황을 같은 것으로 인식하기가 쉽지 않기 때문입니다. 그래서 곱셈의 교환법칙의 이해를 돕는 하나의 방안으로, 다음과 같은 직사각형 모델의 도입을 권장합니다.

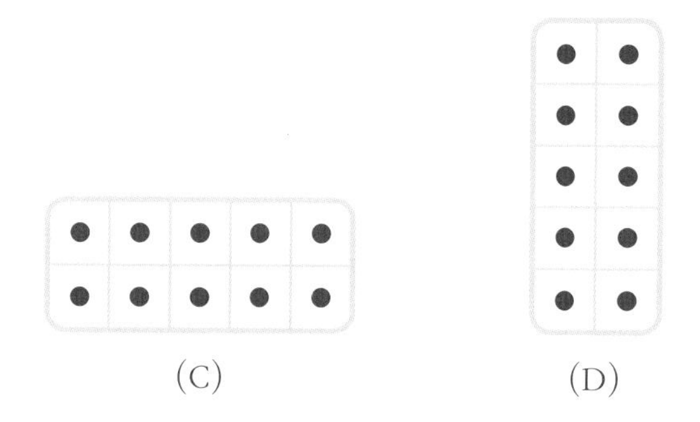
(C) (D)

직사각형 C는 점 5개씩의 묶음이 2줄(행으로, 5×2)이면서 동시에 점 2개씩의 묶음이 5줄(열로, 2×5)임을 보여줍니다. 직사각형 D 역시 점 5개씩의 묶음이 2줄(열로, 5×2)이면서 동시에 점 2개씩의 묶음이 5줄(행으로, 2×5)임을 보여줍니다. 이를 익히고 나면 두 곱셈 2×5와 5×2를 두 직사각형 모델 가운데 어느 하나와 관련지어 생각할 수 있게 됩니다. 이와 같은 직사각형 모델과 함께 곱셈 연산을 배운다면, 이후 기하학 영역인 '도형의 넓이'와도 연계될 수 있으므로 일거양득이 아닐 수 없습니다.

05

덧셈이나 뺄셈과 구별되는 곱셈만의 특징

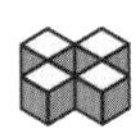

한편, 곱셈이 적용되지만 곱셈식에 들어 있는 숫자가 지금까지와는 상황이 조금 다른 경우도 있습니다. 다음 문제 상황은 어떤 차이가 있는지 살펴보세요.

오리의 다리 개수를 구하는 '문제 1'과 오리의 무게를 구하는 '문제 2'의 차이를 구별할 수 있을까요?

2+2+2+2+2=2×5. 이처럼 같은 수 2를 다섯 번 반복해 더한 덧셈을 곱셈으로 나타낼 수 있습니다. 그런데 곱셈식 2×5에 들어 있는 숫자의 종류가 다릅니다. 즉, 오리의 다리 수 2개와 무게를 나타내는 2kg은 서로 다른 종류의 숫자입니다.

다리 개수는 하나씩 셀 수 있지만 무게는 그럴 수 없는데, 전자를 '이산량'이라 하고 후자를 '연속량'이라 하여 서로 구분합니다. 다시 말하면, 이산량은 자연수로 나타낼 수 있지만 연속량인 무게는 2.1kg, 2.032kg과 같이 수의 범위가 자연수를 넘어 실수로까지 확장되기 때문입니다.

일상생활에서 키, 몸무게, 거리, 시간과 같은 측정상황에서 적용되는 수들은 거의 대부분 이산량보다는 연속량입니다. 오리 다섯 마리의 무게를 구하는 곱셈에서와 같이, 연속량끼리의 곱셈에서도 동수누가의 원리는 여전히 유효합니다.

덧셈이나 뺄셈과 구별되는 곱셈의 가장 큰 특징 중 하나는, 연산에 들어 있는 두 숫자가 서로 다른 종류의 단위라는 점입니다. 덧셈 a+b와 뺄셈 a−b에 들어 있는 두 숫자는 속성이 같을 수밖에 없습니다. 예를 들어 두 길이의 합과 차, 사람 수의 합과 차, 두 무게의 합과 차 등에서 a와 b는 같은 속성을 나타내는 숫자입니다.

그러나 곱셈 a×b에서 a와 b는 서로 속성이 다릅니다. 앞에서 오리 한 마리의 다리 개수 2와 오리의 마리 수 5와의 곱, 오리 한 마리의 무게 2kg과 오리 5마리의 곱에서 확인한 바 있습니다. 한 시간에 5km를 걸었다면, 이 숫자 5에 시간을 나타내는 3(시간)을 곱하여 걸어간 전체 거리인 15km를 구할 수 있습니다.

그리고 사과 한 개 가격 500원에 5(개)를 곱하여 사과 5개의 가격 2500(원)을 얻을 수 있습니다. 물론 넓이와 부피 등을 구하는 곱셈에서는 단위가 같을 수 있지만, 여기서는 이를 예외로 합시다.

06

확대/축소(또는 증가/감소)를 나타내는 곱셈

지금까지 동수누가에 의한 곱셈의 특징을 살펴보았습니다. 그런데 곱셈을 제대로 파악하려면 동수누가의 상황만으로는 충분하지 않으며, 이것이 오히려 곱셈에 대한 이해를 가로막는 가장 큰 요인으로 작용하기도 합니다.

동수누가의 원리를 적용할 수 없는 곱셈 상황을 다음 문제에서 살펴보세요.

문제 3 무게 2kg인 오리의 무게가 1년 후 5배로 증가했다. 오리의 무게는?

문제에 제시된 '5배'라는 용어에 주목하세요. 이때의 '배倍'는 곱하기의 한자어입니다. 따라서 곱셈식 2×5를 '2와 5의 곱'이라고 하며 '2의 5배'라고도 합니다. '2의 5배'는 앞에서 보았던 2+2+2+2+2라는 동수누가를 뜻하지만 동시에 또 다른 의미를 나타낼 수 있습니다.

이 문제에서는 2kg이었던 오리 무게가 1년 후에 5배 증가하였으므로 곱하기 기호 '×'를 사용해야 합니다. 하지만 동수누가와는 전혀 관련이 없습니다. 오리의 무게가 어느 날 갑자기 2kg이 더해지고 또 어느 날 갑자기 2kg이 더해지는 것이 아니므로, 이때 '2의 5배'는 2+2+2+2+2의 상황이 아니라는 것입니다.

동수누가로 설명할 수 없는 곱셈 상황을 또 다른 예에서 찾아봅시다.

문제 4 **온도계의 빨간 수은주 길이가 현재 5cm다. 온도계를 불 옆에 두었더니 수은주 길이가 네 배 늘어났다. 늘어난 수은주 길이는 얼마인가?**

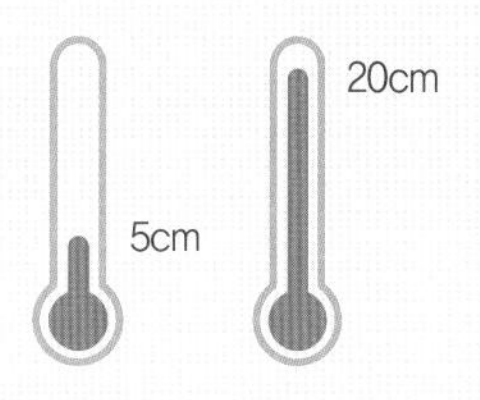

문제 5 **작년에는 사과나무에서 사과가 13개밖에 열리지 않았다. 올해는 사과가 작년에 비해 5배나 많이 열렸다. 올해 수확할 수 있는 사과는 모두 몇 개인가?**

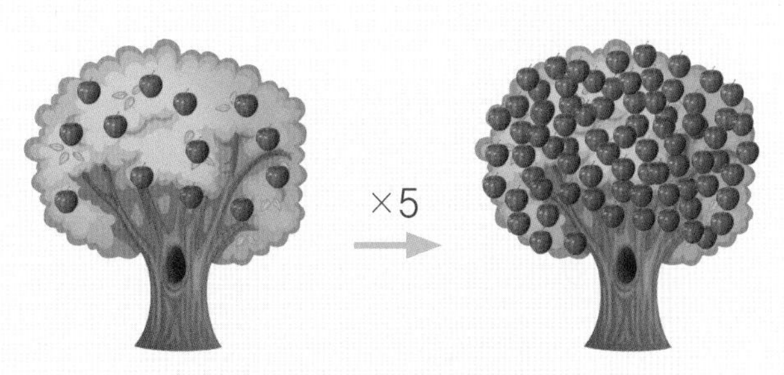

위의 문제들은 각각 곱셈식 5×4와 13×5로 나타낼 수 있습니다. 하지만 5×4=5+5+5+5=20이나 13×5=13+13+13+13+13=65라는 덧셈식으로 나타낼 수는 없습니다. 이들 역시 같은 수를 반복하여 더하는 동수누가와는 아무런 관련이 없으니까요.

5cm였던 수은주 길이가 4배로 늘어났다고 해서 5cm가 일률적으로 4번 거듭해 늘어난 것이 아니며, 13개였던 사과나무 열매가 5배 늘어났다고 해서 13개씩 5번 거듭하여 늘어난 것이 아닙니다. 그러므로 이때의 곱셈식 5×4와 13×5는 각각 4배와 5배로 증가한 것을 말하지만 동수누가에 의한 증가는 아닙니다.

이밖에도 동수누가를 적용할 수 없는 곱셈 상황, 즉 몇 배로 확대(증가)하거나 축소(감소)하는 상황의 예는 다음과 같습니다.

– 작년보다 15% 증가(또는 감소)한 올해 연봉
– 축적 1/10000의 지도
– 코로나 바이러스로 3개월 만에 70배나 증가한 일본인 사망자

뿐만 아니라 2.222와 같은 아라비아 숫자 표기는 왼쪽에 있는 숫자가 오른쪽 숫자의 10배라는 십진법 체계를 따른다는 사실에서 우리가 의식하건 의식하지 않건 곱셈, 특히 동수누가가 아닌 확대(또는 축소)를 뜻하는 배 개념은 우리의 일상적인 삶 곳곳에서 발견할 수 있습니다.

07

곱셈을 했는데 줄어들었다?

주어진 곱셈식만으로는 동수누가에 의한 것인지, 배 개념에 의한 확대/축소(또는 증가/감소)를 나타내는지 구별하기 어렵습니다. 어떤 상황에서 곱셈을 적용하였는지 맥락을 파악해야만 곱셈의 의미를 이해할 수 있습니다.

그럼에도 곱셈을 처음 배울 때 동수누가의 원리에만 과도하게 집착한 나머지 배 개념에 의한 확대나 증가가 적용되는 상황을 무시하는 경우가 종종 나타납니다. 이는 이후에 접하게 되는 분수 곱셈을 이해하는 데 어려움을 겪는 요인으로 작용합니다.

예를 들어 $10 \times \frac{1}{2} = 5$라는 분수 곱셈을 처음 접하고 다음과 같은 반응을 보이는 학생을 가끔 목격하게 됩니다.

"어! 곱셈을 했는데 왜 줄어들었지?"

곱셈을 동수누가로만 인식하였기에 곱셈 결과는 항상 원래 값보다 크다고 지레 짐작한 것입니다. 그러다가 곱셈 결과가 원래의 수보다 작게 나오는 현상에 맞닥뜨리자 선뜻 받아들이지 못하고 의아하게 여긴 겁니다.

곱셈의 두 가지 의미, 즉 동수누가와 확대/축소가 동시에 적용되는 상황을 보여주기 위해 다음과 같은 예를 가상으로 설정해보았습니다.

문제 5 **새로운 지폐 복사기가 발명되었다고 한다. 기계에 지폐를 넣으면, 금액의 5배 되는 현금이 나온다. 만 원짜리 지폐 한 장을 이 현금지급기에 넣었을 때 어떤 결과를 기대할 수 있을까?**

SF 공상과학 영화에나 등장할 법한 이야기지만, 이 물음의 답은 만 원의 5배이므로 당연히 오만 원입니다. 그런데 그 결과물은 만 원짜리 다섯 장일 수도 있고, 오만 원짜리 지폐 한 장일 수도 있습니다. 어떤 선택을 하는 것이 옳을까요? 그 이유는?

(1) 만 원짜리 5장

(2) 오만 원짜리 1장

이 질문에 대한 답변으로부터 우리는 곱셈의 의미에 따라 서로 다른 두 가지 결과가 나타나는 것을 관찰할 수 있습니다. 두 결과의 차이는 전적으로 '곱하기 5'라는 연산의 의미를 어떻게 해석할 것인가에 달려 있습니다.

만 원짜리 지폐 5장이 나온다는 것은 덧셈에 의해 5만 원을 얻었다는 것입니다.

$$1 \times 5 = 1 + 1 + 1 + 1 + 1 = 5$$

같은 수를 거듭하여 더하는 동수누가의 원리를 적용한 것이죠. 반면에 두 번째 결과는 만 원의 가치가 5배 확대된 '5만 원'짜리 지폐 한 장을 얻었다는 것으로, 동수누가와는 차이가 있습니다.

그런데 이 상황을 사람들에게 문제로 제시하였더니 꽤나 눈길을 끄는 재미있는 반응이 나타났습니다. 대부분이 만 원짜리 5개를 선택하였고 오만 원짜리 한 장을 선택한 사람은 극히 소수에 지나지 않았던 것입니다.

'다섯 배'라는 곱셈에 대하여 대부분이 확대/축소(또는 증가/감소)보다는 동수누가의 원리로 인식하고 있음을 확인할 수 있는 사례입니다. 실제로 곱셈이 적용되는 경우는 확대/축소(또는 증가/감소) 상황에서 더 빈번하게 적용됨에도 이런 결과가 나타난 이유는 무엇일까요?

우선 처음 곱셈을 배울 때, 동수누가로 접근한 것에서 그 이유를 찾을 수 있습니다. 동수누가를 지나치게 강조한 탓에 확대/축소(또는 증가/감소) 상황과의 연계에 익숙하지 않게 된 것입니다. 또 다른 이유로는 확대/축소(또는 증가/감소)의 경우 대상의 속성이 변화하게 되는데 이를 불편하게 여겨 잘 받아들이지 않는다고 볼 수 있습니다. 앞의 예에서 몸무게가 5배나 불어난 오리는 이전 오리와는 모습이 전혀 다릅니다. 이는 오리 다섯 마리의 다리 개수를 구할 때의 5배와는 다른 상황이므로 낯설게 느껴질 수 있다는 것입니다.

08

곱셈 구구, 반드시 외워야 할까?

시간과 지역을 가리지 않고 곱셈구구는 어렵고 힘든 과제라는 사실을 최근에 미국과 캐나다에서 동시에 방영된 드라마 '호프 밸리Hope Vally'의 한 장면에서도 확인할 수 있습니다.

1910년 캐나다 서부 오지에 위치한 어느 탄광촌의 한 가정집. 한 손에 연필을 쥔 아이가 탁자 위에서 끙끙거리며 머리를 쥐어짜고 있다.

"산수는 정말 싫어! 곱셈은 더 싫고…."

물끄러미 쳐다보던 어른이 안타깝다는 듯 말을 건넨다.

"어떤 계산을 하고 있니?"

"9 곱하기 4는 얼마인지… 참 어려워요."

어른이 얼굴에 미소를 지으며 아이에게 다가간다.

"그거 어렵지 않아. 어렸을 때 어머니가 알려준 방법인데… 자, 이렇게 양손을 펼치고, 4를 곱하니까 왼손의 네 번째 손가락(약지)을 구부려봐. 약지 왼쪽에는 손가락이 몇 개가 있지?"

아이가 어른을 따라 양손을 펼쳐보며 답한다.

"3개네요."

"그럼 약지 오른쪽에 남아 있는 손가락은 몇 개?"

"6개죠."

"왼쪽 손가락 3개에 10을 곱하면 30, 그리고 약지 오른쪽 손가락이 6개 있으니까 6. 이를 더하면 36. 그래서 9 곱하기 4는 36이야."

아이가 자기 손가락으로 이를 따라하며 감탄한다.

"와우, 정말 멋진데요!"

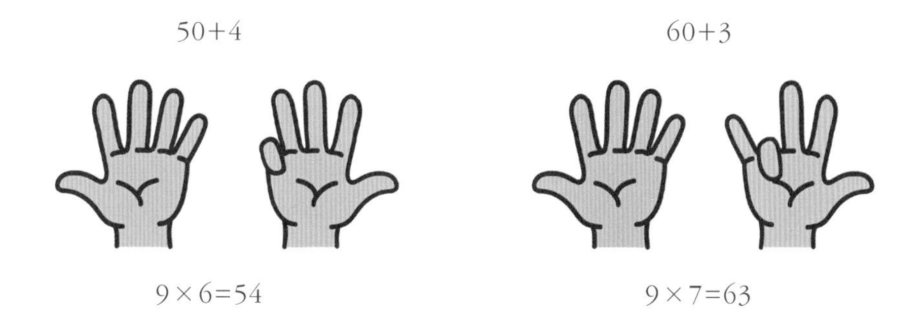

원래 제목이 'When Calls the Heart'인 이 드라마는, 상류층에서 태어나 자란 젊

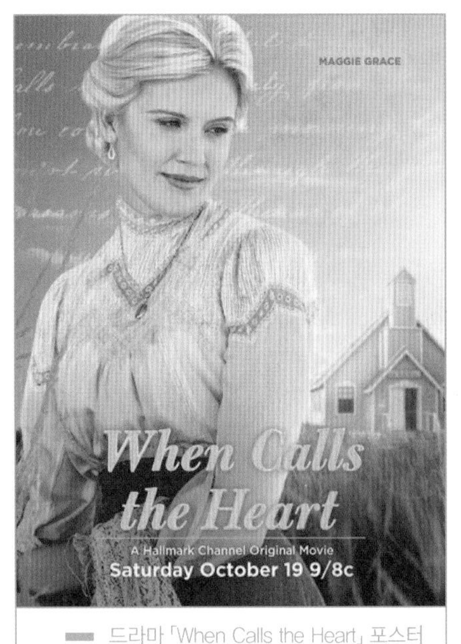

드라마 「When Calls the Heart」 포스터

은 선생님 엘리자베스 태처가 캐나다 서부 개척지의 탄광촌에 초임교사로 부임하여 겪는 이야기를 중심으로 전개됩니다. 20세기 초 캐나다 서부 개척민들의 삶을 사실적으로 그려내며 등장인물들 사이의 갈등을 따뜻한 시선으로 그린 이 TV 시리즈는, 첫 방영 이후 7년이 지난 2020년에도 시즌7이 제작될 정도로 높은 시청률을 자랑하고 있습니다.

바로 이 드라마에서 9를 곱하는 곱셈구구를 손가락으로 간단하게 셈하는 장면이 인상적이어서 소개하였습니다. 곱셈구구를 굳이 암기하지 않아도 필요할 때 즉각 답을 구할 수 있는 계산기가 내 몸, 즉 손가락에 있음을 보여줍니다.

그럼 이제 9를 곱하는 손가락 계산기의 원리는 무엇인지 살펴볼까요?

9의 곱셈 결과에 주목해봅시다.

$$09,\ 18,\ 27,\ \cdots,\ 72,\ 81,\ 90$$

어떠한 패턴을 발견할 수 있습니다. 십의 자리와 일의 자리의 합이 모두 9입니다! $0+9=1+8=2+7=\cdots=8+1=9+0=9$. 따라서 손가락 10개에서 하나를 제거하여 십의 자리와 일의 자리를 만들면 됩니다.

이제 십의 자리는 어떤 패턴인지 살펴보세요. 1을 곱할 때는 0, 2를 곱할 때는 1…, 즉 곱하는 수보다 하나 작은 숫자가 십의 자리 숫자입니다.

드라마에서 시범을 보인 9×4에 이 규칙을 적용하면, 십의 자리 숫자로 3을 얻습니다. 그리고 일의 자리 숫자는 십의 자리 숫자 3에 더하여 9가 되는 수이므로 6입니다.

결국 4를 곱할 때 네 번째 손가락을 접은 것은 왼쪽의 손가락 3개가 십의 자리 숫자이고 나머지 오른쪽 손가락 6개가 일의 자리 숫자이기 때문인 것입니다.

곱셈구구가 암기의 대상이 아니라 '패턴을 발견한 결과'라는 사실을 더 확인해봅시다. 사실 곱셈구구의 답을 구한다는 것은, 다음 정사각형에 들어 있는 81개의 칸을 채우는 것을 말합니다. 하지만 1을 곱한 결과는 자기 자신이기 때문에 실제 빈 칸은 64개입니다.

$9\times1=09$
$9\times2=18$
$9\times3=27$
$9\times4=36$
$9\times5=45$
$9\times6=54$
$9\times7=63$
$9\times8=72$
$9\times9=81$
$9\times10=90$

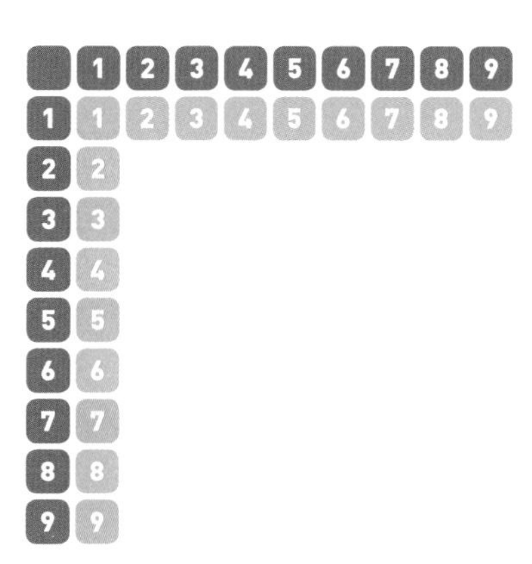

그런데 이미 앞에서 9를 곱할 때의 패턴을 발견하였습니다. 또한 2를 곱한 결과는 수 세기 활동에서 두 배수 전략을 연습하였기에 2, 4, 6, 8, …, 16, 18은 어렵지 않게 말할 수 있습니다. 따라서 이제 남은 빈칸은 36개로 줄어들었습니다.

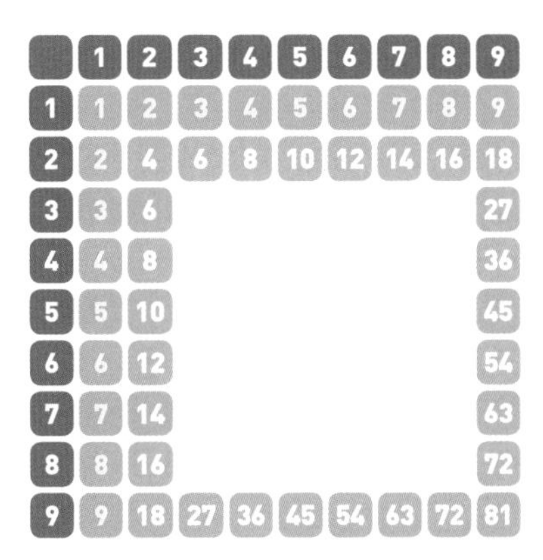

3을 곱한 결과와 4를 곱한 결과 역시 수 세기 활동을 충실히 하면 쉽게 얻을 수 있습니다. 즉, 3씩 건너뛰는 덧셈을 반복하여 3, 6, 9, 12, …, 24, 27을 얻고, 4씩 건너뛰는 덧셈을 반복하여, 4, 8, 12, …, 32, 36을 얻을 수 있습니다. 익숙한 두 배수 전략보다는 시간이 좀더 필요하지만, 어느 정도 연습만 하면 대부분 쉽게 익숙해집니다.

5를 곱한 결과는 잠시 쉬어가는 단계라 할 수 있습니다. 일의 자리가 0 또는 5이기 때문에 5, 10, 15, …, 45라는 사실도 금세 알 수 있습니다.

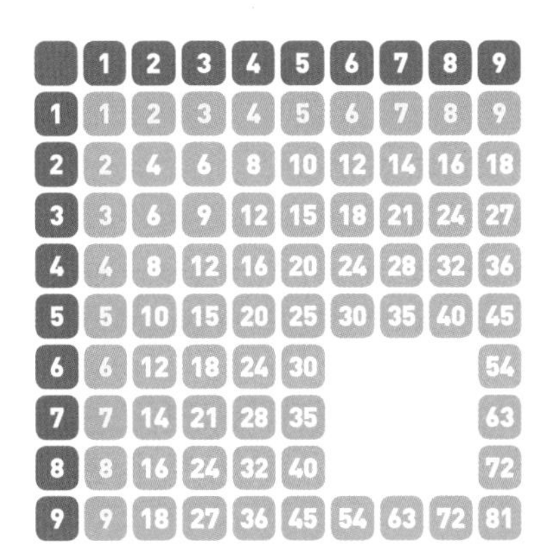

이제 빈칸은 9개로 줄어들었습니다. 이때 제곱수들, 즉 6×6=36, 7×7=49, 8×8=64는 어쩔 수 없이 암기해야 합니다. 물론 제곱수들에서도 패턴이 발견됩니다.

하지만 곱셈구구를 처음 접하는 아이들에게 이것까지 요구하는 것은 무리입니다. 6의 제곱은 36, 7의 제곱은 49, 8의 제곱은 64라는 결과를 그냥 받아들이도록 하는 것이 좋습니다.

이제 채워야 할 곱셈 결과는 나머지 3개로 압축되었습니다. 6×7=42, 6×8=48, 7×8=56. 바로 앞에서 익혔던 6×6=36에서 차례로 6을 더하여 6×7=42와 6×8=48을 얻고, 7×7=49에서 7×8=56을 얻을 수 있습니다. 드디어 곱셈구구표가 완성되었습니다.

여기서 우리는 곱셈구구의 결과보다도 이를 어떻게 얻었는가에 주목할 필요가 있습니다. 수학을 한다는 것은 곧 '패턴의 발견'이라는 관점을 제시해주기 때문입니다. 그렇다고 곱셈구구의 암기가 잘못이라는 것은 아닙니다. 곱셈구구의 암기는 필요합니다. 정답을 빠르게 얻을 수 있는 도구를 소유하기 위해서 곱셈구구를 외우는 것이니까요. 단어를 찾기 위해 매번 사전을 들춰볼 수 없는 것처럼 곱셈구구를 암기하지 못하면 일상생활에서도 큰 불편을 겪습니다.

곱셈구구를 익히되, 곱셈구구표를 무조건 암기하는 것을 경계하라는 것입니다. 특히 구구단송과 같이 소리 내어 암기하는 암송은 사고를 요하는 수학 학습의 본질과 거리가 멉니다. 그렇다면 어떻게 암기하는 것이 바람직할까요? 수학은 사고하는 학문입니다. 곱셈구구 또한 수학적 지식입니다. 따라서 곱셈구구도 사고를 통해 익히도록 해야 합니다.

앞에서 제시한 백칸 채우기는 그런 학습 방안 가운데 하나입니다. 수학적 사고를 할 수 있을 뿐만 아니라 구구단송 암기에 들이는 시간만큼, 아니 그보다 시간을 훨씬 덜 들여 곱셈구구를 암기할 수 있습니다. 다만 백칸표를 여러 장 만들어야 하는 약간의 준비가 필요합니다. 앞에서 제시된 방법에 따라 빈칸을 채우는 과정에서 수학의 패턴을 머릿속에 그리면서 몇 번 반복하면 저절로 암기할 수 있습니다. 이때 동수누가라는 곱셈 원리가 내면화될 수 있습니다.

이와 같이 수학학습은 수학의 본질에 적합한 방식, 즉 수학적 사고와 패턴의 발견에 의해 이루어져야 합니다. 여기서는 설명할 수 없지만 초등수학의 곱셈구구에 해당하는 중고등학교의 곱셈공식과 인수분해도 사실은 무작정 암기가 아니라 패턴의 발견에 의해 자연스럽게 그리고 저절로 암기할 수 있습니다. 그러므로 수학 학습에서 '패턴의 발견'은 아무리 강조해도 지나치지 않습니다.

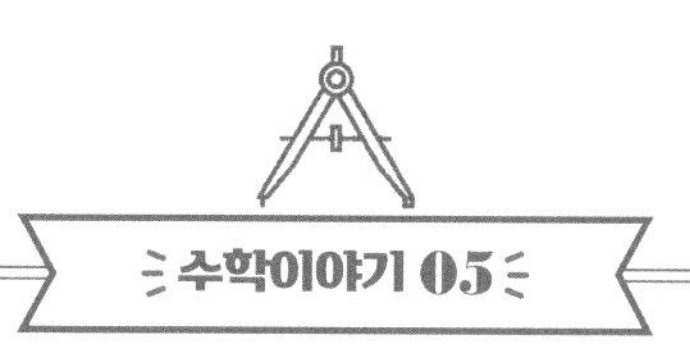

경우의 수 세기 : 곱셈의 세 번째 의미

같은 수를 반복하여 더하는 동수누가와 확대(또는 축소)라는 '몇 배'를 곱셈으로 나타낼 수 있음을 살펴보았습니다. 이외에도 곱셈이 적용되는 또 다른 상황이 존재합니다. 초등학교에서는 다루지 않으므로 여기서 별도로 소개합니다. 다음 문제를 살펴보세요.

문제 7 **상의는 두 개(티셔츠, 블라우스), 하의는 세 개(반바지, 청바지, 치마)가 있다. 상의와 하의 가운데 각각 하나씩 선택하였을 때 몇 가지 옷차림을 만들 수 있을까?**

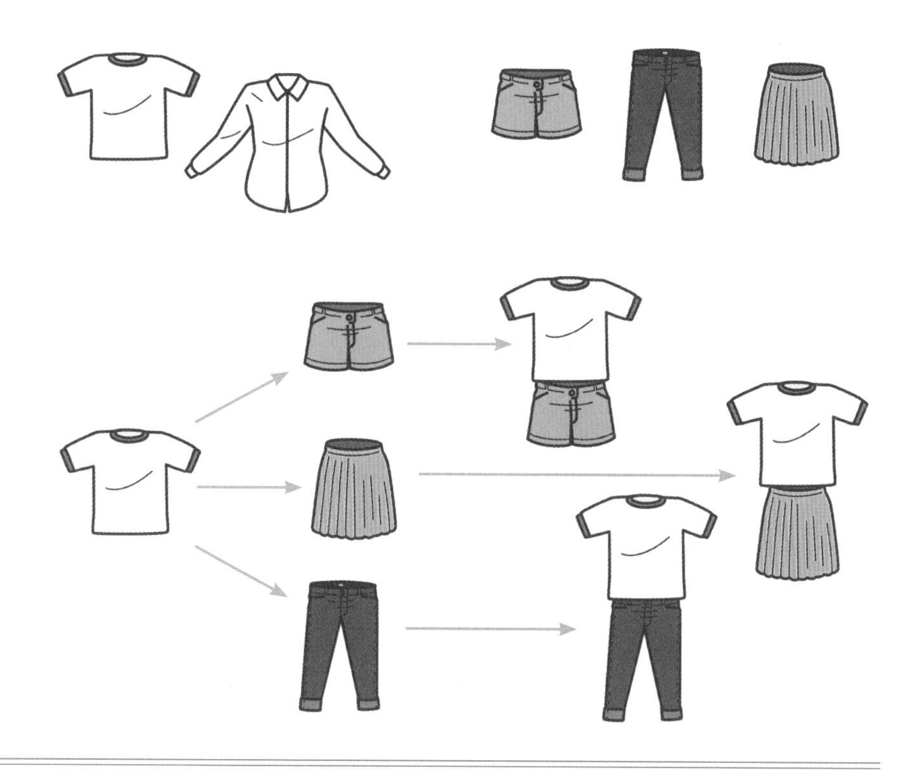

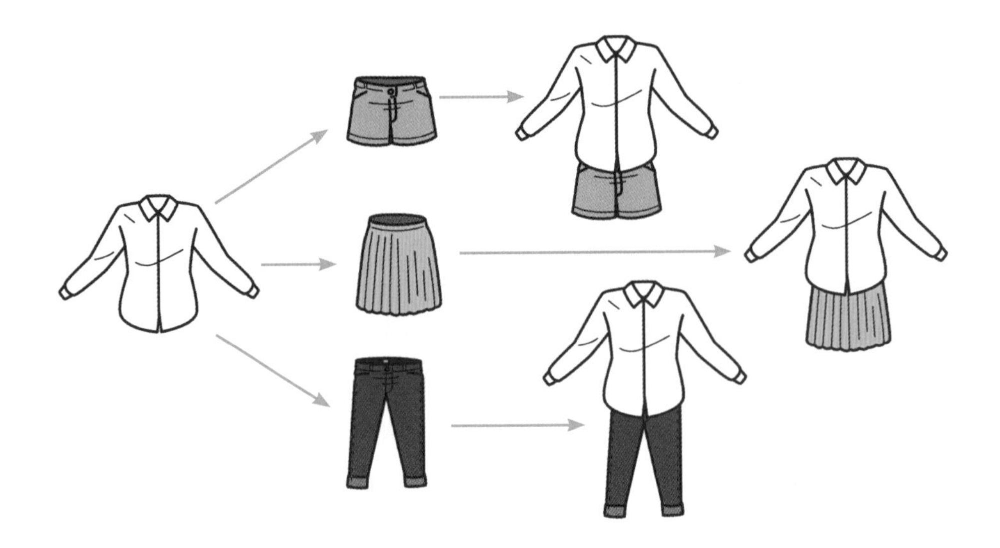

집합 개념을 이용하여 풀이할 수도 있습니다. 두 집합 A와 B를 각각 다음과 같이 상의와 하의를 나타내는 집합이라 합시다.

A = { 티셔츠, 블라우스 }　　B= { 반바지, 청바지, 치마 }

이때 (상의, 하의)라는 '순서쌍'으로 구성된 새로운 집합 A×B를 다음과 같이 만들 수 있습니다.

A×B={(티셔츠, 반바지), (티셔츠, 청바지), (티셔츠, 치마), (블라우스 반바지), (블라우스, 청바지), (블라우스, 치마)}

집합 A×B의 원소는 순서쌍 (집합 A의 원소, 집합 B의 원소)이며, 이를 곱집합이라고 합니다. 그리고 (티셔츠, 반바지)는 집합 A×B의 원소지만, 순서가 다른 (반바지, 티셔츠)는 원소가 아니기 때문에 순서쌍이라고 합니다.

위의 문제에서 두 집합 A와 B의 원소 개수는 각각 2와 3이므로, 곱집합인 A×B의 원소인 순서쌍 (a, b)의 개수를 구하고자 할 때 곱셈 2×3=6이 적용됩니다. 이를 오른쪽과 같이 직사각형 모양의 표로 나타내어 눈으로 확인할 수도 있습니다.

두 개의 집합을 결합한 곱집합의 원소인 순서쌍의 개수를 구할 때 적용되는 곱셈은, 앞에서 살펴본 동수누가나 확대/축소(또는 증가/감소) 상황에서 '몇 배인가?'의 답을 구할 때와는 전혀 다른 새로운 의미의 곱셈 개념입니다. 이는 직사각형의 넓이를 구하기 위한 두 변의 곱인 (가로)×(세로)와 같습니다.

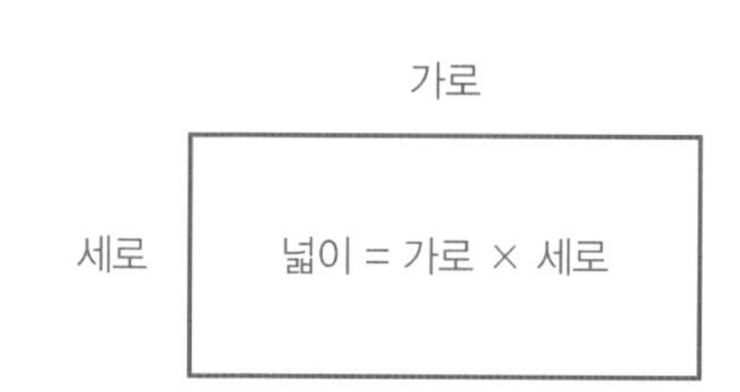

때로는 곱집합의 원소 구하기에서 적용되는 곱셈으로 예상을 뛰어넘는 의외의 결과를 얻기도 하는데, 다음 문제에서 이를 확인해봅시다.

문제 해외 출장이 잦은 이순영 씨가 이번 출장을 떠날 때 준비한 의상 목록은 신발 3켤레, 스커트 4벌, 블라우스 6벌, 재킷 2벌이다. 각각 한 가지씩 선택하여 착용하였을 때, 이순영 씨는 모두 몇 벌의 의상을 선보일 수 있을까? 단, 이때 한 벌의 의상이란 신발, 스커트, 블라우스, 재킷까지를 모두 갖춘 것을 말한다.

풀이 곱집합의 원소 개수 구하기를 네 개의 집합에 적용하면 다음과 같다.

$$3\times4\times6\times2=144$$

이 문제 풀이에서 얻은 144벌의 서로 다른 의상에 대하여 잠시 생각해봅시다. 이번 출장에서 이순영 씨는 5개월 가까이 같은 의상을 두 번 입지 않고 매일 다른 옷차림이 가능하다는 뜻입니다. 신발 3켤레, 스커트 4벌, 블라우스 6벌, 재킷 2벌만으로 그렇다니 그저 놀라울 따름입니다.

just for fun! - 이상한 직사각형 퍼즐

마지막으로 곱셈을 적용하여 직사각형의 넓이를 구할 때 나타나는 이상한 현상에 대하여 살펴봅시다.

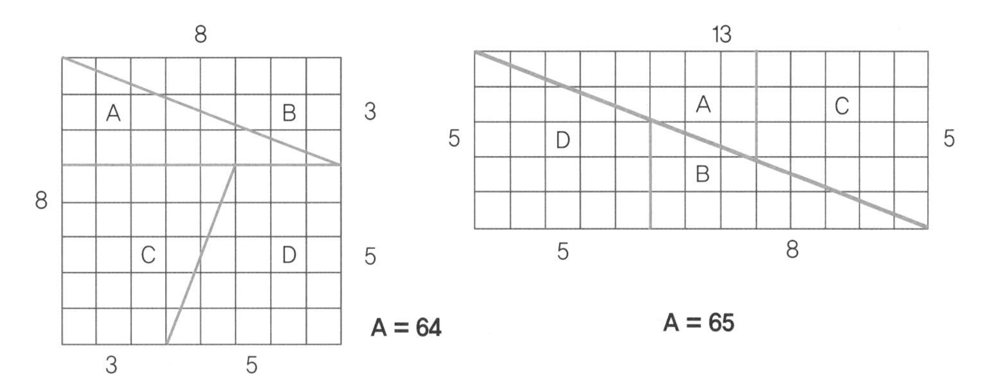

왼쪽 그림에서 한 변의 길이가 8인 정사각형의 내부를 그림과 같이 네 부분으로 잘라 오른쪽 그림과 같은 직사각형을 만들었습니다. 그런데 이 직사각형의 가로와 세로 길이가 각각 13과 5임에 주목하세요.

따라서 정사각형의 넓이는 $8^2 = 64$, 직사각형의 넓이는 $13 \times 5 = 65$이므로, 직사각형의 넓이가 정사각형의 넓이보다 1이 더 큽니다. 어떻게 된 것일까요?

이는 착시현상에서 비롯되었습니다. 정사각형을 이루는 네 부분으로 실제로는 그림과 같은 직사각형을 만들 수 없습니다. 직사각형의 대각선이 만들어지지 않습니다. 직각삼각형 B의 빗변과 이어지는 D의 한 변은 직선이 아니기 때문이죠. 직사각형 그림에 나타난 대각선을 굵게 표시한 것은 이를 감추기 위한 것이며 이 때문에 넓이가 1이 증가하였답니다.

정사각형과 직사각형의 가로와 세로 길이를 나타내는 수 3, 5, 8, 13에 주목하면 2장에서 보았던 피보나치 수열임을 알 수 있습니다. 기억을 되살리기 위해 피보나치 수열을 다시 한 번 제시하면 다음과 같습니다.

1, 1, 2, 3, 5, 8, 13, 21, 34, ⋯

그런데 우주에 떠 있는 행성 운동에서 케플러의 법칙으로 유명한 천문학자 케플러는 피보나치 수열에서 다음과 같은 패턴을 발견하였습니다.

1^2(=1)과 1×2(=2)의 차는 1이다.
2^2(=4)과 1×3(=3)의 차는 1이다.
3^2(=9)과 2×5(=10)의 차는 1이다.
5^2(=25)과 3×8(=24)의 차는 1이다.
8^2(=64)과 5×13(=65)의 차는 1이다.
13^2(=169)과 8×21(=168)의 차는 1이다.
……

위의 사각형 넓이 문제는 피보나치 수열의 이러한 독특한 성질 가운데 "(=64)과 5×13(=65)의 차는 1이다."는 사실을 퍼즐로 전환하여 제시한 것입니다. 19세기에 수학 퍼즐 만들기로 유명한 미국인 샘 로이드의 작품입니다. 기분 전환을 위해 곱셈과 연계된 퍼즐을 소개하였답니다.

어른들을 위한 초등수학

06

여러 얼굴의 나눗셈

01

나눗셈의 두 얼굴 : 분배와 묶음

나눗셈 12÷2= □와 함께 책상 위에 사과 12개가 놓여 있다면, 대부분 다음과 같은 나눗셈 문제를 자연스럽게 떠올릴 것입니다.

문제 1 분배

12개의 사과를 두 사람에게 똑같이 나누어주면 한 사람이 몇 개씩 가질 수 있을까?

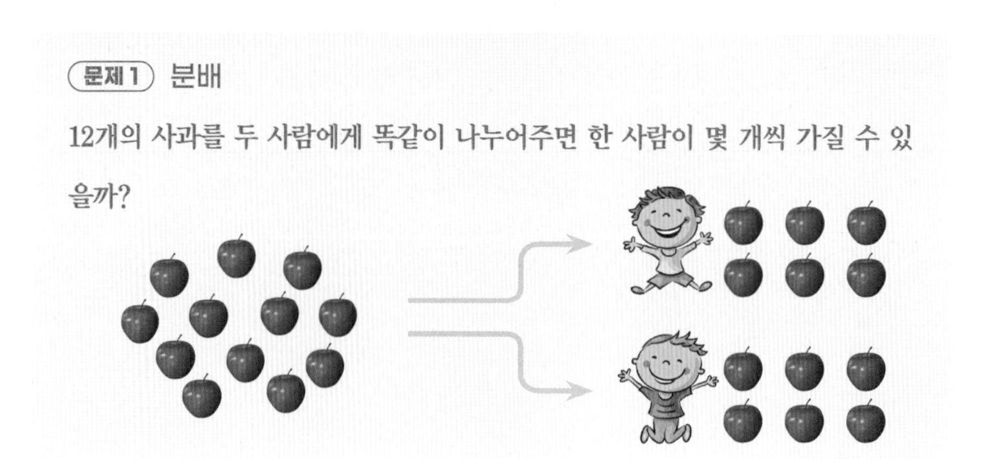

나눗셈 12÷2=□를 두 사람에게 똑같이 나눠주는 분배 상황으로 인식하는 것은 아마도 '나눗셈'이라는 용어 때문일 것입니다. 나누어주는 셈을 줄인 용어 '나눗셈'으로부터 '나눠주는' 분배 상황을 자연스럽게 떠올리며 이를 연산기호 '÷'로 나타내는 것이죠.

그런데 나눗셈 12÷2=□는 분배가 아닌 '묶음' 상황에도 적용할 수 있습니다.

문제 2 묶음

12개의 사과를 2개씩 묶어 포장하면 모두 몇 묶음을 만들 수 있을까?

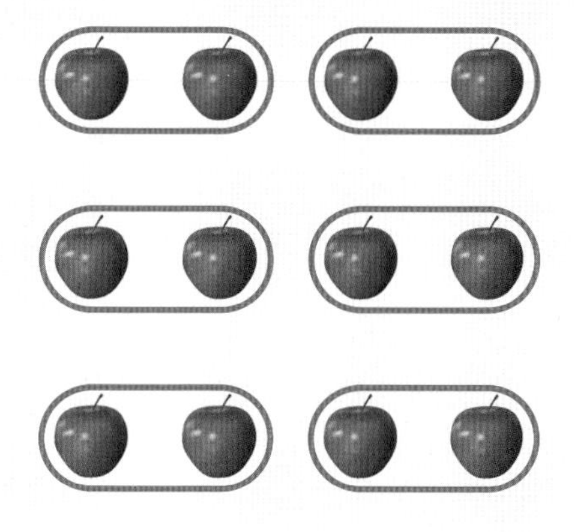

이때의 나눗셈 12÷2=□는 주어진 전체 12로부터 같은 수량 2를 거듭하여 묶어 덜어낼 때 몇 번 가능한지 그 횟수를 나타냅니다. 따라서 12개를 두 사람에게 똑같이 나눠줄 때 한 사람이 갖는 수량을 나타내는 앞의 분배와는 전혀 다른 상황입니다.

분배와 묶음 상황은 전혀 다름에도 똑같은 식 12÷2=□로 나타내기 때문에 구별되지 않습니다. 하지만 이 식에 들어 있는 숫자, 즉 나뉘는수(피제수)와 나누는수(제수) 그리고 나눗셈 결과의 '단위'에 주목하면 그 차이를 알 수 있습니다.

(1) 분배 : 12(개) ÷ 2(명) = 6(개/명)

사과 전체의 개수 / 사람 수 / 한 명에게 분배되는 사과 개수

(2) 묶음 : 12(개) ÷ 2(개/묶음) = 6(묶음)

사과 전체의 개수 / 한 묶음에 들어 있는 사과 개수 / 묶음 수

분배 상황에서 피제수는 사과 개수(12개)이고 제수는 분배받는 사람 수(2명)이므로 단위가 서로 다릅니다. 나눗셈 결과는 '1사람이 갖는 사과 개수'이므로 '제수가 1일 때의 피제수 값'을 나타냅니다. 이를 반영하여 위의 식에서 6개가 아닌 6(개/명)으로 표기한 것에 주목하세요.

반면에 묶음 상황에서는 12개의 사과를 2개씩 묶는 것이므로 피제수와 제수의 단위가 같습니다. 하지만 제수가 한 묶음의 개수라는 점에 주목하면, 제수의 단위는 2(개/묶음)으로 나타내야 더 정확합니다. 나눗셈 결과는 모두 몇 묶음인지를 나타내는 묶음 개수입니다.

분배와 묶음에서의 단위 표기는 다음 표에서와 같이 분수로 나타내면 더 명확하게 드러납니다.

(1) 분배 : $12(\text{개}) \div 2(\text{명}) = \dfrac{12(\text{개})}{2(\text{명})} = 6(\text{개}/\text{명})$

(2) 묶음 : $12(\text{개}) \div 2(\text{개}/\text{묶음}) = \dfrac{12(\text{개})}{2(\text{개}/\text{묶음})} = 6(\text{묶음})$

그런데 여기서 잠깐, 나눗셈 12÷2= □의 답 6을 어떻게 구했는지 각자 스스로 되돌아보세요. 우리는 과연 나눗셈을 어떻게 실행했을까요?

위에 제시된 문제 상황을 읽고 나서 나눗셈을 실행하기 위해 '12개를 2명에게 똑

같이 나눠준다'든가 또는 '2개씩 묶는' 것을 실제로 실행하여 6이라는 답을 얻었을까요? 물론 아닙니다. 그렇다면 나눗셈을 실행한다는 것은 과연 무엇을 말하며, 나눗셈 결과는 어떻게 얻는 것일까요?

나눗셈으로 표현되어 있지만 실제로는 나눗셈이 아닌 곱셈에 의해 답을 얻었습니다. 예를 들어 12÷2=□의 경우, 2×□=12라는 곱셈을 떠올리며 '2에 얼마를 곱하여 12가 될까'를 묻고 나서 6이라는 답을 얻습니다.

자릿수가 많은 수의 나눗셈, 예를 들면 945÷27과 같이 복잡한 나눗셈의 경우에도 실제로는 곱셈을 실행하여 답을 얻습니다.

먼저 나눗셈 94÷27(실제는 940÷27입니다)을 위해 곱셈 27×□=94를 실행합니다. 즉, 곱셈 27×3=81로부터 □=3을 얻고, 이어서 다음 나눗셈 135÷27=□를 실행합니다. 이 나눗셈도 실제로는 곱셈 27×□=135를 실행하여 □=5를 구합니다. 결국 나눗셈 945÷27=35의 실행과정이 곱셈이라는 것을 알 수 있습니다.

$$
\begin{array}{r}
35 \\
27 \overline{)\,945} \\
81 \\
\hline
135 \\
135 \\
\hline
0
\end{array}
$$

즉, '나눗셈'은 '곱셈의 역'입니다.

02

나눗셈은 곱셈의 역

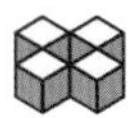

나눗셈의 실행과정이 실제로는 곱셈이었음을 앞에서 확인하였습니다. 나눗셈이 곱셈의 역이기 때문인데, 그러면 그 근거가 무엇인지 살펴봅시다. 우선 묶음 상황의 예를 들어봅시다.

"12개의 사과를 2개씩 묶어 포장하면 모두 몇 묶음을 만들 수 있을까?"

이 문제를 해결하기 위해서는 실제로 다음을 실행해야 합니다.

12개의 사과에서 2개짜리 한 묶음을 덜어내고, 또 2개짜리 한 묶음을 덜어내고, … 남는 사과가 없을 때까지 이를 계속하여 사과 6묶음을 만들 수 있다.

이를 식으로 나타내면 다음과 같습니다.

$12-2=10$,　$10-2=8$,　$8-2=6$,　$6-2=4$,　$4-2=2$,　$2-2=0$

┈┈▶ $12-2-2-2-2-2-2=0$

┈┈▶ $12-(2+2+2+2+2+2)=0$

묶음 상황에 대한 나눗셈 $12\div2=6$은 주어진 전체로부터 같은 개수를 묶어 덜어내는 것을 반복하므로 뺄셈 $12-(2+2+2+2+2+2)=0$으로도 나타낼 수 있습니다.

$$12-2-2-2-2-2-2=0 \text{ 또는 } 12-(2+2+2+2+2+2)=0$$

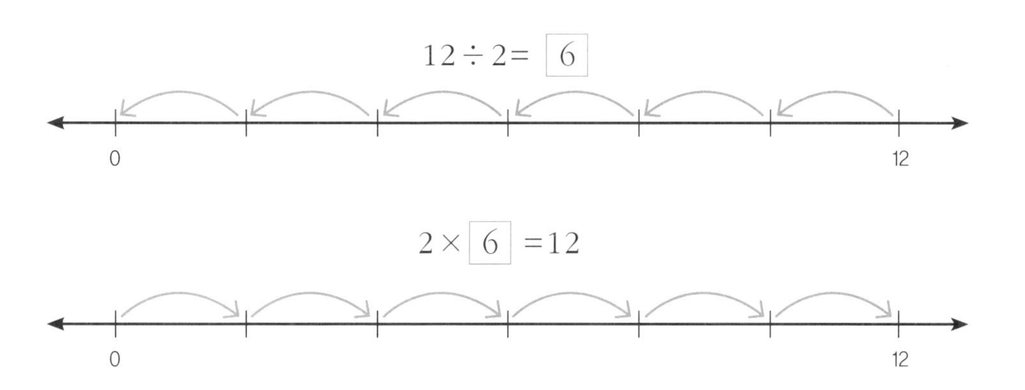

수직선 그림에서 나눗셈 $12\div2=\square$는 12에서부터 왼쪽으로 2만큼씩 몇 번 이동(동수누감)하여 0이 되는가를 말합니다. 그리고 이는 0에서부터 오른쪽으로 2만큼씩 몇 번 이동(동수누가)하여 12가 되는가와 다르지 않습니다. 다시 말하면 나눗셈 $12\div2=\square$는, 12가 2의 몇 배인가라는 곱셈 $2\times\square=12$와 같음을 수직선 위에서 확인할 수 있으므로 다음이 성립합니다.

$$12\div2=\square \Leftrightarrow 2\times\square=12$$

그러므로 묶음 상황의 나눗셈 $12 \div 2 = \square$ 는 '2의 몇 배가 12인가?'라는 곱셈 $2 \times \square = 12$와 같습니다. 이는 5와 2의 차이를 구하기 위한 뺄셈 $5-2=\square$가 2에 얼마를 더하여 5가 되는가를 나타내는 덧셈 $2+\square=5$와 같은 경우와 일치합니다.

그렇다면 똑같이 나눠주는 분배 상황의 나눗셈도 곱셈의 역이라 할 수 있을까요? 그렇습니다!

"사과 12개를 두 사람에게 똑같이 나눠주면 한 사람이 몇 개씩 가질 수 있을까?"

이러한 분배 문제도 다음과 같이 곱셈 문제로 전환할 수 있습니다.

> 한 사람에게 각각 $\square$개의 사과를 나눠주었다고 하자. 두 사람이 같은 개수의 사과를 가졌으므로 그 합은 전체 사과 개수인 12다.

분배 상황을 나타내는 나눗셈도 곱셈의 역이라는 사실을 확인할 수 있으므로 다음이 성립합니다.

$$12 \div 2 = \square \Leftrightarrow \square \times 2 = 12$$

그러므로 분배 상황의 나눗셈 $12 \div 2 = \square$ 는 '얼마의 2배가 12인가?'라는 곱셈 $\square \times 2 = 12$와 같습니다. 이는 묶음 상황의 나눗셈 $12 \div 2 = \square$를 '2의 몇 배가 12인가?'라는 곱셈 $2 \times \square = 12$로 나타낼 수 있는 것과는 약간 차이가 있습니다. 곱하는 수와 곱해지는 수가 바뀐 것은 앞에서 언급한 것처럼 나눗셈의 제수가 다르기 때문입니다. 하지만 실제 계산 과정에서는 곱셈의 교환법칙이 성립($2 \times \square = \square \times 2 = 12$)하므로 구분할 필요가 없습니다.

지금까지의 설명을 요약 정리하여 다음과 같이 표로 나타낼 수 있습니다.

<나눗셈 $12 \div 2 = \boxed{6}$의 두가지 상황>

12개의 사과를	분배 : 똑같이 나눠주기	묶음: 똑같이 덜어내기
예시 상황	2사람에게 똑같이 나눠줄 때, 한 사람이 갖는 사과의 개수는?	2개씩 묶으면 모두 몇 묶음일까?
나눗셈	12(개) ÷ 2(명) = $\boxed{6}$ (개/명) 12(개) → 사과 전체의 개수 2(명) → 사람 수 $\boxed{6}$ (개/명) → 1명에게 분배되는 사과 개수	12(개) ÷ 2(개/묶음) = $\boxed{6}$ (묶음) 12(개) → 사과 전체의 개수 2(개/묶음) → 한 묶음에 들어 있는 사과 개수 $\boxed{6}$ (묶음) → 묶음 수
곱셈	$\boxed{6} \times 2 = 12$ $\boxed{6}$ 의 2배는 12	$2 \times \boxed{6} = 12$ 2의 $\boxed{6}$ 배는 12

03

비와 비율의 나눗셈

나눗셈은 몇 명에게 똑같이 나누어줄 수 있는가에 답하는 '분배'와, 똑같이 묶으면 모두 몇 묶음인가에 답하는 '묶음' 이외에도, '비와 비율'을 구하는 상황에도 적용됩니다. 다음 예를 보세요.

문제 1 **1L들이 병에 들어 있는 포도 원액은 5g이고 200ml들이 캔에 들어 있는 포도 원액은 2g이다 병과 캔 가운데 어느 것의 포도주스가 얼마나 더 진한가?**

포도 원액이 많이 들어 있는 포도주스의 맛이 당연히 진합니다. 그렇다고 병과 캔에 들어 있는 포도 원액이 각각 5g과 2g이므로 이를 단순 비교하여 병에 든 포도주스가 더 진하다고 할 수는 없습니다. '얼마나 더 진한가?'에 대한 답, 즉 농도를 비교하려면 용액의 양이 같아야 하니까요. 따라서 200mL들이 캔의 포도주스를 다음 표와 같이 변환하는 것이 필요합니다.

병	1L	5g
캔	200mL	2g
	↓×5	↓×5
	1L	10g

위의 표에서 같은 1L 들이 병과 캔에 들어 있는 포도 원액은 각각 5g과 10g임을 알 수 있습니다. 뺄셈 10−5=5(g)에 의해 원액의 차를 구한 결과, 병보다는 캔에 포도 원액이 5g 더 많으므로 캔의 포도주스 맛이 더 진합니다.

하지만 '얼마나' 더 진한지 농도를 비교하기 위해서는 뺄셈만으로는 부족합니다. 이 경우에는 캔과 병에 들어 있는 원액의 양끼리 나눈 나눗셈 10(g)÷5(g)=2에 의해 캔보다 병의 포도주스 농도가 2배 더 진하다고 말할 수 있습니다. 이때의 나눗셈을 '10대 5' 또는 '2대 1'과 같이 나타내는데, 이를 '비'라고 합니다.

이와 같이 두 수를 비교하는 방법으로는 뺄셈에 의한 '차差'와 나눗셈에 의한 '비比', 두 가지가 있는데 이는 다음과 같은 두 가지 수학적 원리를 토대로 합니다.

<두 양수 A와 B의 크기 비교>

A와 B의 차(差)	A와 B의 비(比)
$A-B>0 \Leftrightarrow A>B$	$A \div B>1 \Leftrightarrow A>B$
$A-B=0 \Leftrightarrow A=B$	$A \div B=1 \Leftrightarrow A=B$
$A-B<0 \Leftrightarrow A<B$	$A \div B<1 \Leftrightarrow A<B$

'얼마나 더 많은가 또는 적은가?'를 알려주는 '차'를 구하려면 뺄셈이 필요합니다. 반면에 포도주스의 농도를 비교하는 것과 같이 '몇 배인가?'를 알려주는 '비'를 구하려면 나눗셈을 해야 합니다. 그러므로 나눗셈은 등분이나 묶음 이외에 비를 구하는 상황에도 적용됩니다.

일반적으로 '몇 배인가?'를 알려주는 비는 '몇 대 몇'으로 표기됩니다. 하지만 '몇 대 몇'으로 표기되었다고 하여 반드시 비를 나타내는 것은 아닙니다. 사실 일상생활에서 '몇 대 몇'이라는 표현은 두 팀이 경쟁하는 운동경기에서 가장 빈번하게 사용됩니다. 예를 들어 다음과 같은 신문의 스포츠 기사를 흔히 접할 수 있습니다.

"어제 우리나라는 일본과의 야구 경기에서 12 : 2의 압도적인 점수 차로 기분 좋은 승리를 거두었다."

이 신문기사의 '12:2'를 수학적 의미의 '비'라고 단언해서는 안 됩니다. '압도적인 점수 차'라는 표현에서 알 수 있듯, 기사를 작성한 사람은 나눗셈 12÷2가 아닌 뺄셈 12−2를 염두에 두었기 때문입니다.

그런데 만일 기사 내용이 다음과 같다면 이야기가 달라집니다.

어제 우리나라는 일본과의 야구 경기에서 12 : 2로 일본보다 여섯 배의 압도적인 득점을 올려 기분 좋은 승리를 거두었다.

이때의 12:2는 12÷2를 뜻하므로 수학적 의미의 비를 나타냅니다.

운동경기에서 스코어를 표현하는 '몇 대 몇'은 대부분 점수 차를 나타낼 뿐 비를 나타내는 경우는 거의 없습니다. 그런데도 왜 운동경기 결과는 차를 나타내면서 '몇 대 몇'이라는 표현을 사용할까요?

우리말에는 운동경기에서와 같이 경쟁하는 두 팀 간의 관계를 나타내는 적절한 용어가 없었습니다. 그래서 어쩔 수 없이 이에 해당하는 영어 단어 'versus'를 '한자어 대對'로 번역하여 사용하였습니다. 이를 수학에서 비를 나타내는 용어 '대'와 구분하지 못해 혼선이 빚어지게 된 것입니다. 어쨌든 수학적 의미의 '비'와는 거리가 멀다는 것만 짚고 넘어갑시다.

한편 단위가 다른 두 수량을 비교하는 '비율'도 나눗셈이 적용되는 또 다른 상황입니다. 비율의 대표적인 예로 시간과 거리의 관계를 나타내는 '속도'를 들 수 있는데, 다음 문제에서 이를 살펴봅시다.

문제 2 **12km의 거리를 2시간에 걸었을 때 평균 속력은 얼마인가?**

얼마나 빠른가를 나타내는 평균 속력은 나눗셈에 의해 구할 수 있습니다.

$$12(\text{km}) \div 2(\text{시간}) = 6(\text{km}/\text{시간})$$

피제수와 제수는 서로 다른 측정량으로 각각의 단위는 km와 시간입니다. 나눗셈 결과인 6km는 1시간에 걸어간 거리이므로, 제수가 1일 때 피제수의 값, 즉 비율입니다. 언뜻 보면 앞에서 언급한 똑같이 나눠주는 분배 상황과 그 구조가 다르지 않습니다. 즉, 12km 거리를 각각 1시간씩 똑같이 분배하는 것으로 볼 수도 있습니다. 하지만 똑같은 빠르기로 걷는 것이 아니라 천천히 걷다가 도중에 쉬기도 하고 갑자기 빠르게 걸을 수도 있으니 등분이라 할 수는 없습니다. 이를 '평균속력'이라고 합니다. 평균속력은 시간에 대한 거리의 비율을 뜻합니다.

이와 같이 단위가 다른 두 수량을 비교하기 위한 나눗셈을 '비율'이라 하는데, 비율의 예는 우리 주위에서 쉽게 발견할 수 있습니다. 예를 들어 편의점에서 흔히 볼 수 있는 생수 2L들이 가격이 1000원이라고 할 때, 다음 두 가지 나눗셈 식을 만들 수 있습니다.

(1) 1000(원) ÷ 2(L) = 500(원/L)

(2) 2(L) ÷ 1000(원) = 0.002(L/원)

나눗셈(1)의 결과인 500은 생수 1L의 가격을 뜻합니다. 나눗셈(2)는 나눗셈(1)의 피제수와 제수를 바꾼 식으로 그 결과인 0.002는 1원에 대한 생수의 양인 0.002L를 뜻합니다. 1L는 1000mL이므로 나눗셈(2)를 다음과 같이 나타낼 수도 있습니다.

2000(mL) ÷ 1000(원) = 2(mL/원)

즉, 1원에 살 수 있는 생수의 양이 2mL라는 뜻입니다.

비율의 예는 우리 주변에서 가장 많이 사용되는 나눗셈의 예라 할 수 있습니다. 그 예를 좀 더 들어보면 다음과 같습니다.

– 1시간의 속력을 뜻하는 시속 60km/h(h는 시간을 뜻하는 영어 hour의 첫 글자)

– 1시간당 임금을 뜻하는 12,000원/h

– 1분당 맥박 수 72회/m(분을 나타내는 minute의 첫 글자)

이와 같이 비율은 분배 상황에서의 나눗셈과 같이 나누는수(제수)가 1이라는 단위값일 때 나뉘는수(피제수)의 양을 말합니다.

04

나눗셈, 왜 어려울까?

나눗셈 계산은 어렵지 않습니다. 곱셈만 할 수 있으면 나눗셈도 할 수 있습니다. 예를 들어 나눗셈 12÷2=□는 앞에서 언급했듯이 곱셈 2×□=12와 같으므로, 2의 몇 배가 12인가를 구하는 것입니다. 이와 같이 자연수의 나눗셈은 모두 곱셈에 의해 계산합니다. 그럼에도 나눗셈이 어렵다고 합니다. 배우는 아이들만이 아니라 가르치는 선생님도 힘들어합니다. 얼마 전 어느 선생님이 보내온 메일에 그 어려움이 담겨 있기에 내용의 일부를 소개합니다.

" … 3학년의 나눗셈 지도가 너무 어렵습니다. 교과서에 제시된 것처럼 나눗셈의 두 가지 상황을 모두 설명해 주어도 아이들은 어려워합니다. 교실 수업을 진행하며 아이들과 헤매다 결국 시간에 쫓겨 그냥 풀이 절차만 따라 외우도록 할 수밖에 없어 자괴감이 들었습니다. 나눗셈을 제대로 지도할 수는 없을까요? …"

이 이야기를 들은 사람들은 눈을 동그랗게 뜨며 다음과 같은 반응을 보입니다.

"나눗셈에 두 가지 상황이 있다고? 그냥 답만 구하면 되는 것 아닌가?"

이런 엇갈린 반응은 나눗셈을 바라보는 관점의 차이에서 빚어집니다. 일반인들은 계산에만 초점을 두지만, 현장 선생님의 고충은 단순한 계산에 머무르지 않습니다. 어떤 상황에 나눗셈을 적용할 것인가를 이해하고 이에 대한 식을 제대로 표현하도록 하는 것이 나눗셈 지도의 핵심이기 때문입니다. 따라서 선생님은 '분배 상황'과 '묶음 상황'이 전혀 다른 상황임에도 하나의 나눗셈으로 나타낼 수 있다는 사실을 아이들이 쉽게 받아들이지 못하는 것을 어떻게 해결할 수 있을까 고심하고 있었던 것입니다.

이 선생님은 나눗셈 응용문제 풀이에서 아이들이 어려움을 겪는 것을 너무나 잘 알고 있었습니다. 아이들은 왜 응용문제 풀이에 어려움을 겪을까요? 아이들은 응용문제 중에서도 특히 나눗셈 응용문제를 접하면 더 움츠러듭니다. 그 때문에 현장의 선생님들은 학부모로부터 다음과 같은 하소연을 심심찮게 듣는다고 합니다.

"계산은 잘 하는데, 응용력이 부족한가 봐요. 어떻게 해야죠?"

그런데 신문이나 방송에서 소위 교육전문가라는 사람들이 이런 문제에 대하여 확신에 찬 모습으로 다음과 같이 진단하고 처방하는 사례를 볼 수 있습니다.

"응용문제에 취약한 것은 독해력이 부족하기 때문입니다. 아이가 책을 많이 읽도록 하는 것이 좋겠어요!"

이런 세상에… 말은 그럴 듯하지만 수학을 잘 모르는 돌팔이의 처방이라는 생각을 지울 수가 없습니다. 수학 응용문제들이 과연 상당한 독해력을 요구할 정도의 난해한 문장으로 제시되었다는 것일까요? 설혹 그렇다면 수학 응용문제를 풀기 위해 필요한 독해력은 과연 어느 정도여야 할까요? 그 정도의 독해력을 갖추려면 얼마나 많은 책을 읽어야 할까요? 그리고 어떤 종류의 책을 읽어야 한다는 것일까요? 응용문제 풀이의 어려움이 독해력 부족 때문이라고 말하는 사람들은 이런 의문들에 제대로 답할 수 있어야 합니다.

결론부터 밝히면, 수학의 응용문제 풀이능력을 독해력과 관련짓는 것은 어떤 근거도 없으며, 수학의 응용문제를 직접 출제한 경험이 있다면 그런 주장이 얼마나 공허한가를 실감할 수 있을 것입니다. 그런데도 왜 독해력을 거론하는 것일까요? 아마도 응용문제의 겉모습이 수식으로 이루어진 계산 문제에 비해 긴 문장으로 제시되기 때문에 독해력이 필요하리라 지레짐작했을 겁니다. 마치 전문가 의견인양 응용문제를 독해력과 관련짓는 처방은 실제로는 아무런 도움이 되지 않는, 아니 오해를 불러일으키는 가짜 뉴스와 다르지 않습니다. 그런 잘못된 진단과 처방은 가뜩이나 수학에 자신감 없는 아이에게 독해력 부족이라는 낙인까지 더하여 아이를 좌절하게 만들 수도 있습니다.

글을 읽고 의미를 이해하는 독해력을 응용문제 해결력과 관련짓는 것은 수학적 언어가 일상적 언어와 다르다는 것을 파악하지 못한, 즉 수학에 대한 무지에서 비롯된 것입니다. 수학적 언어에 들어 있는 '맥락context'의 파악이 문제 해결의 핵심이라는 사실을 제대로 깨닫지 못한 탓이죠. 맥락의 파악은 일상적 언어를 이해하기 위해서도 매우 중요하다는 점은 앞서 〈3장 4. 맥락이 연산능력을 좌우한다〉에서 이미 언급한 바 있습니다. 일상적 언어 못지않게 수학적 언어의 이해를 위해서도 맥락의 파악은 매우 중요하며, 이는 응용문제 해결의 핵심입니다. 다음 절에서 수학적 언어에 담긴 맥락에 대하여 좀 더 자세히 살펴봅시다.

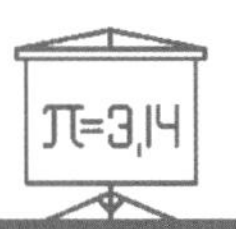

05

수학적 언어에 담긴 맥락

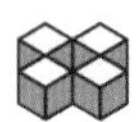

지금까지 덧셈과 뺄셈, 곱셈과 나눗셈이 적용되는 다양한 상황을 살펴본 것은 주어진 식이 어떤 맥락에서 적용되었는가를 파악하기 위해서였습니다. 여기서 다시 한 번 정리해봅시다.

예를 들어 덧셈 3+2=5라는 수학적 언어는 다음과 같은 두 가지 상황을 나타낼 수 있습니다. 사과 3개에 사과 한 개씩 2개의 사과를 '더하는' 덧셈과, 홍옥 사과 3개의 묶음과 아오리 사과 2개 묶음을 '합한' 묶음의 개수를 구하는 합산입니다.

3+2=5	더하기	+
	합하기	

빨셈 5−2=3이라는 수학적 언어가 나타내는 상황은 덧셈보다 더 다양하고 복잡합니다.

먼저 빨셈 5−2=3은 5개의 사과에서 2개를 먹었을 때 남는 개수를 나타낼 수 있습니다. 이러한 제거하는 상황에서 빨셈이 가장 많이 적용되는데, 제거는 더하기의 역이라 할 수 있습니다.

또한 빨셈 5−2=3은 거실에 있는 사람 5명 가운데 남자가 2명일 때 여자가 몇 명인지를 나타낼 수도 있습니다. 이는 남녀의 합을 구하는 것의 역이므로, 합하기의 역이라 할 수 있습니다.

이외에도 빨셈 5−2=3은 쿠폰할인을 받으려면 5칸을 채워야 하는데 2칸을 채웠다면 몇 칸을 더 채워야 하는지를 나타낼 수 있습니다. 2에 얼마를 더하면 5가 되는가, 즉 2+□=5와 같으므로 덧셈의 역이라 할 수 있습니다.

그밖에도 빨셈 5−2=3은 5층에서 2층으로 가려면 몇 층을 더 내려가야 하는가, 즉 감소하는 양이 얼마인지를 나타냅니다.

또한 강아지 5마리와 고양이 2마리가 있을 때 강아지가 고양이보다 몇 마리 더 많은가, 즉 두 수량을 비교할 때의 차이를 나타낼 수도 있습니다.

따라서 빨셈식 5−2=3이 이들 가운데 어떤 상황에 적용되었는지 맥락의 파악이 요구되는 것입니다.

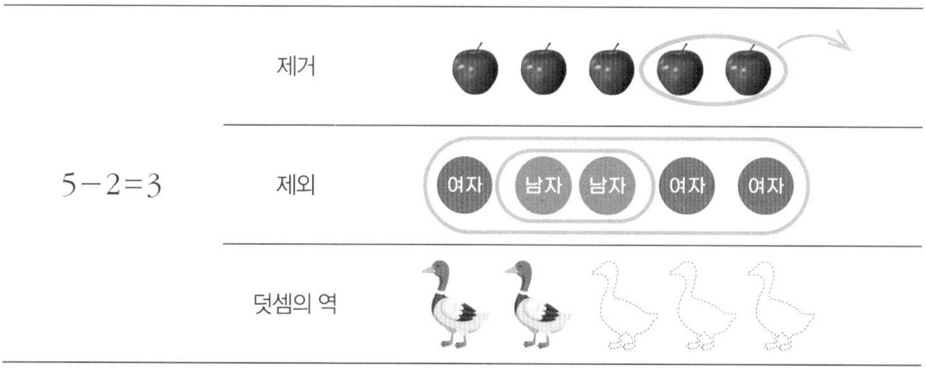

5−2=3	제거	
	제외	여자 남자 남자 여자 여자
	덧셈의 역	

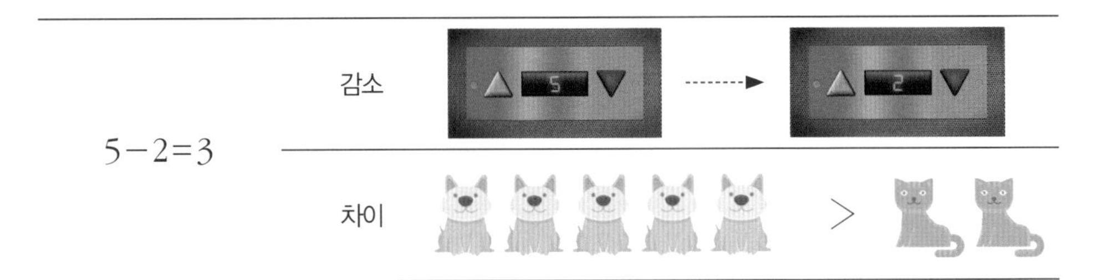

곱셈도 마찬가지입니다. 곱셈 2×5=10이라는 수학적 표현도 두 가지 상황에 적용될 수 있습니다. 무게가 2kg인 오리 5마리의 전체 무게를 나타내는 곱셈은 동수누가의 상황에 적용된 것입니다. 반면에 무게 2kg이었던 오리가 성장하면서 체중이 5배 늘어난 경우는 확대/축소의 상황에 적용된 것입니다.

$2\times5=10$	동수누가	
	확대	

이번에는 나눗셈 응용문제 풀이에서 맥락의 파악이 얼마나 중요한지 실제 문제에서 확인해봅시다.

문제 **뜨거운 태양이 내리쬐는 여름날, 물을 가득 채운 10L들이 양동이를 이틀 동안 마당에 두었더니 양동이의 물이 증발하고 $8\frac{3}{4}$L만 남았다. 물을 더 이상 채우지 않고 그대로 두었을 때 얼마가 지나야 양동이에 물이 하나도 남지 않게 될까? 단, 기후는 거의 변하지 않는다고 하자.**

풀이

이틀 동안 증발한 물의 양 : $10-8\frac{3}{4}=1\frac{1}{4}$ ········► (1)

하루 동안 증발하는 물의 양: $(10-8\frac{3}{4})\div 2=\frac{5}{8}$ ········► (2)

남아 있는 물의 양 $8\frac{3}{4}$이 증발하는 날짜 : $8\frac{3}{4}\div\frac{5}{8}=14$ ········► (3)

그러므로 14일, 즉 2주일이 지나면 양동이에 남아 있던 물이 모두 증발한다.

풀이 과정이 단 4줄에 불과한 간단한 문제입니다. 그럼에도 아이들은 이와 같은 나눗셈 문제를 무척이나 어려워합니다. 문제풀이 과정을 자세히 살펴보며 그 원인을 분석해봅시다.

위의 문제는 '양동이에 들어 있던 물이 모두 증발하여 사라지기까지의 시간'을 구하는 것입니다. 그런데 위 문제에서 단어가 어렵거나 문법이 복잡하여 문제상황을 이해하기 어려운 구절이 과연 있었나요? 이처럼 수학의 응용문제는 논설문을 읽고 이해하는 수준 높은 독해력을 요구하는 문제는 거의 없으며, 만일 그런 문제가 제시되었다면 출제자의 자격을 의심할 수밖에 없습니다.

대부분 한글 읽기가 가능하면 쉽게 이해할 수 있는 문장으로 기술되어 있음에도, 이 문제를 한두 번 읽고 나서 풀이 과정이 즉각 떠오르지 않는다면 그 이유는 무엇 때문일까요?

어쩌면 $8\frac{3}{4}$이라는 분수 때문일 수도 있습니다. 원래부터 분수에 대해 거부감이 있는 경우에는 문제를 읽다가 분수가 나오자 어려운 문제라고 느낄 수 있습니다. 이런 경우엔 문제를 한 번 더 읽어보거나, 분수 $8\frac{3}{4}$ 대신 자연수 8로 숫자를 바꾸어 문제를 재구성해 본다면 문제 상황을 훨씬 쉽게 이해할 수 있습니다. 즉, 문제를 다음과 같이 기술하면 어떤 상황인지를 더 쉽게 파악할 수 있습니다.

"10L 들이 양동이를 이틀 동안 마당에 놓아두었더니 물이 증발하고 8L만 남았다. 양동이에 물이 하나도 남지 않으려면 얼마가 지나야 하는가?"

문제가 단순해졌습니다. 이렇게 문제 상황이 파악되면, 이틀 동안 증발한 물의 양이 얼마인지를 가장 먼저 구해야 한다는 걸 깨닫게 됩니다. 그리고 곧이어 뺄셈을 실행할 것입니다

$$10-8\frac{3}{4} = 1\frac{1}{4} \cdots\cdots\blacktriangleright (1)$$

뺄셈의 답 $1\frac{1}{4}$은 어렵지 않게 구할 수 있는데, 정작 필요한 것은 하루 동안 증발하는 물의 양이라는 사실을 깨닫습니다. 따라서 다음 나눗셈으로 이어집니다.

$$(10-8\frac{3}{4})\div 2 = \frac{5}{8} \cdots\cdots\blacktriangleright (2)$$

나눗셈에서 얻은 분수 $\frac{5}{8}$는 하루에 증발하는 물의 양이라는 것을 알아냈습니다. 이제 마지막으로, 남아 있는 물의 양 $8\frac{3}{4}$이 모두 증발하는 데 며칠이 걸릴 것인가를 구하면 됩니다. 이때 며칠이라는 단위는 (2)의 나눗셈에서 제수 2의 단위와 관련 있다는 것에 주의해야 합니다. 그리고 (2)의 나눗셈에서 얻은 $\frac{5}{8}$가 '하루에' 증발하는 물의 양이라는 사실과, 이 값을 제수로 하는 다음 나눗셈이 필요하다는 추론이 문제 풀이의 핵심입니다.

$$8\frac{3}{4}\div\frac{5}{8}= 14 \cdots\cdots\blacktriangleright (3)$$

(3)의 나눗셈에서 얻은 14는 14일, 즉 2주일을 가리킵니다. 따라서 양동이의 모

든 물이 증발하여 물기 하나 없이 말라버린 텅 빈 양동이만 남는 데 2주일이 걸린다는 결론을 얻을 수 있습니다.

지금까지의 설명에서 보았듯이, 문제 풀이에서 어려움을 겪었다면 그것은 문제에 대한 독해력이 부족해서가 아닙니다. 풀이 과정에 들어 있는 식 (1), (2), (3)으로 표현된 수학적 언어의 맥락을 빠르고 정확하게 파악하지 못했기 때문입니다. 특히 나눗셈 (2)와 (3)은 같은 나눗셈이지만 맥락은 전혀 다릅니다. (2)와 (3)에 단위를 넣어보면 각각의 상황이 더 구체적으로 드러납니다.

$(10-8\frac{3}{4})(\mathrm{L}) \div 2(\text{일}) = 1\frac{1}{4}(\mathrm{L}) \div 2(\text{일}) = \frac{5}{8}(\mathrm{L})$ ┈┈► (2) : 하루에 증발하는 물의 양

$8\frac{3}{4}(\mathrm{L}) \div \frac{5}{8}(\mathrm{L}) = 14(\text{일})$ ┈┈► (3) : 하루에 $\frac{5}{8}$(L)씩 증발하여 $8\frac{3}{4}$(L)가 모두 증발하기까지의 시간

(2)의 피제수와 제수의 단위는 서로 다르고, (3)의 피젯수와 제수의 단위는 같습니다. 따라서 두 식의 의미가 다를 수밖에 없겠죠.

(2)는 이틀 동안 증발한 물의 양을 2로 나눈 평균, 즉 하루(제수가 1)에 증발하는 물의 양(피제수의 값)을 구하는 나눗셈입니다. 즉, 비율을 구하는 식입니다.

반면에 (3)은 전체 물의 양을 하루에 증발하는 물의 양(제수)으로 나눈 값으로, 전체 물의 양이 증발하는 데 며칠이 걸리는가를 구하는 나눗셈입니다. 나눗셈의 두 가지 상황 중에서 묶음 상황에 해당합니다.

같은 나눗셈으로 표현되었지만, 각각의 맥락이 파악되어야 그 의미를 제대로 이해할 수 있습니다. 하지만 맥락을 제대로 파악하지 못한 아이들은 피제수와 제수를 제대로 구분하지 못하는 오류를 범하기도 합니다. 즉, 하루에 증발하는 물의 양을

구하기 위해 나눗셈 $1\frac{1}{4} \div 2$가 아닌 $2 \div 1\frac{1}{4}$로 계산하거나, 또는 $8\frac{3}{4}$(L)가 모두 증발하기까지의 시간을 구하기 위해 $8\frac{3}{4} \div \frac{5}{8}$가 아닌 $\frac{5}{8} \div 8\frac{3}{4}$으로 계산하기도 합니다.

이런 현상이 나타나는 이유는 주어진 상황에서 왜 나눗셈이 필요한지를 이해하지 못했기 때문입니다. 설혹 나눗셈식으로 나타냈다 하더라도 맥락을 제대로 파악하지 못한 것입니다.

앞에서 나눗셈 지도의 어려움을 호소했던 선생님은, 무엇을 무엇으로 나눠야 하는가를 파악하지 못한 채 나눗셈의 계산 기능만 익히는 것이 응용문제 해결에는 아무 짝에도 쓸모없다는 것을 너무나 잘 알고 있었습니다. 하지만 그런 문제점을 해결할 지도 방안에 대해서는 선생님 자신도 잘 모르기에 답답했던 것이죠. 다음 절에서 그 방안에 대해서 살펴보려 합니다.

어쨌든 응용문제를 어려워하는 것은 단순히 제시된 문장에 대한 독해력 부족 때문이 아니라는 사실이 이제 분명해졌습니다. 서로 다른 상황임에도 같은 수식으로 표현될 수 있으므로, 수학적 언어가 사용되는 맥락을 이해하는 것이 응용문제 풀이의 핵심입니다. 이 책에서 사칙연산을 주 내용으로 다루지만 계산을 어떻게 할 것인가에 대한 기능적인 면보다는 각각의 연산이 사용되는 맥락에 대한 설명에 초점을 둔 이유를 이제 충분히 이해할 수 있으리라 봅니다. 수학적 언어인 수식이 사용되는 맥락을 제대로 파악하지 못하면 제아무리 능숙한 계산 기능을 가지고 있어도 아무 쓸모가 없으니까요.

06

나눗셈에 대한 오해

나눗셈에 어려움을 겪는 가장 큰 이유로 나눗셈을 등분과 동일시하는 고정관념의 형성을 꼽을 수 있습니다. 앞에서도 언급했듯이, 나눗셈이라는 용어 때문에 나눗셈을 등분과 연계하는 경향이 있고 이것이 나눗셈 지도에 그대로 반영되었던 것입니다. 그 결과 똑같이 나눠주는 등분 상황이 지나치게 강조되어 왔습니다.

현행 교과서는 이를 의식하여 등분과 묶음 상황을 함께 제시하였는데, 다음과 같은 문제가 교과서에 등장합니다.

먼저 8개의 과자를 2명이 똑같이 나눠갖는 등분 문제가 제시됩니다. 나눗셈 도입의 첫 시간은 이와 유사한 등분 문제를 다룹니다. 이어서 두 번째 시간은 묶음 상황의 문제를 제시합니다.

> **과자 8개를 2명이 똑같이 나누어 먹으려고 합니다. 한 명이 과자를 몇 개씩 먹을 수 있는지 생각해 봅시다.**
>
> 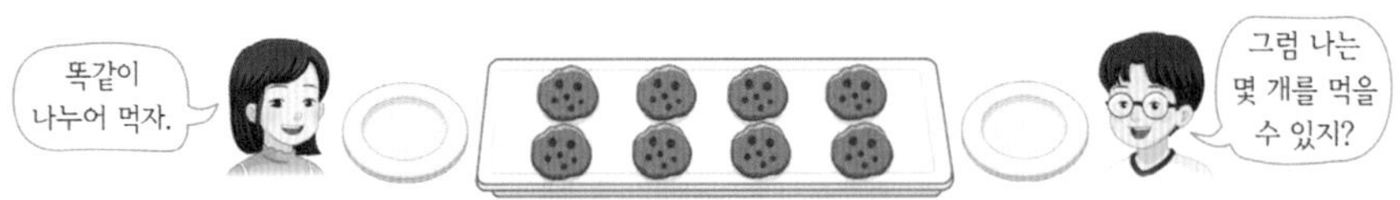
>
>
> - 한 명이 몇 개씩 먹을 수 있을까요?
> - 왜 그렇게 생각하는지 말해 보세요.
>
> 3학년 1학기 교과서 52쪽

> **과자 8개를 한 접시에 2개씩 담으려면 접시가 몇 개 필요한지 생각해 봅시다.**
>
> 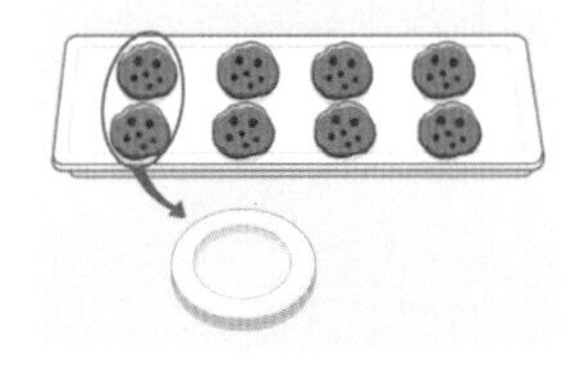
>
> - 접시가 몇 개 필요한가요?
> - 왜 그렇게 생각하는지 말해 보세요.
>
> 3학년 1학기 교과서 54쪽

교과서 필자는 아이들이 나눗셈의 단순 계산 기능만 익히는 것이 아니라 분배 상황과 묶음 상황을 구분하여 각각을 나눗셈으로 표현하는 것이 중요하다고 생각한 것 같습니다. 그래서 첫 시간에는 분배 상황을, 그리고 두 번째 시간에는 묶음 상황을 차례로 나누어 가르치도록 제시하였습니다.

하지만 현장의 선생님들은 교과서에 제시된 내용을 순서대로 지도했건만 아이들의 이해를 돕기는커녕 오히려 혼란만 가중시켰다고 하소연을 합니다. 선생님 자신도 혼란스럽기는 마찬가지라는 것이죠. 왜 그럴까요?

다른 사칙연산과 달리 나눗셈에서는 나눗셈 기호가 뜬금없이 도입되기 때문입니다. 덧셈, 뺄셈, 곱셈에서는 기호를 도입하면서 어떻게 계산하는지 알려줍니다. 뿐만 아니라 이전에 습득한 지식을 토대로 새로운 기호를 도입합니다.

덧셈과 뺄셈의 경우 바로 전에 습득한 수 세기를 토대로 기호를 도입하기 때문에 어떻게 계산하는지 자연스럽게 파악할 수 있습니다. "…(더하면 또는 빼면) 모두 몇 개인가?"라는 물음을 제시함으로써 개수 세기를 기호 +와 －로 나타내도록 하였던 것이죠. 곱셈도 마찬가지입니다. 같은 수를 거듭하여 더하는 덧셈을 기호 ×로 나타냄으로써 곱셈을 어떻게 하는지 쉽게 파악할 수 있습니다. 이와 같이 각각의 기호는 아이들이 이미 알고 있는 지식을 토대로 도입되기 때문에 계산과정도 자연스럽게 터득할 수 있습니다.

하지만 나눗셈 기호는 전혀 다른 방식으로 도입됩니다. 계산 과정도 실제 우리가 계산하는 것과 다릅니다. 앞에서 보았듯이 나눗셈 $12 \div 2 = \square$를 2에 얼마를 곱하여 12가 되는가, 즉 $2 \times \square = 12$라는 곱셈으로 해결하는 것과 다르다는 것입니다.

갑자기 분배 상황을 제시하고 이를 나눗셈 기호로 나타내라고 합니다. 그리고는 바로 분배 상황과는 전혀 다른 묶음 상황을 제시하고 역시 나눗셈 기호로 나타내라고 합니다. 계산 과정도 제시하지 않고 말입니다.

아이들의 어려움은 바로 여기에서 시작됩니다. 교과서를 따라가는 데 급급한 선생님도 아이들이 겪는 이런 지적 혼란을 민감하게 눈여겨보지만 이를 해결할 방안을 찾지 못해 당황스러워할 수밖에 없습니다.

설상가상으로 교과서에 제시된 문제의 표현도 아이들과 선생님을 곤란하게 하는 요인입니다. 위의 두 문제에 공통적으로 들어 있는 "왜 그렇게 생각합니까?"라는 질문이 그것입니다. 아직 나눗셈이 무엇인지도 모르는데, 이런 질문을 접하면 어떻게 답해야 할까요. 나눗셈을 알고 있는 어른들도 어찌 답을 해야 할지 난감하기 짝이 없습니다. 답하기 어려운 이런 위압적인 질문들을 하나씩 접하면서 스스로 수학을 못하는 아이라는 훼손된 자존감과 자책감을 갖게 되어 아이들은 점점 더 수학으로부터 멀어져만 갑니다.

아마도 교과서 필자는 수학은 생각하는 학문이므로 아이들이 생각하도록 수학을 가르쳐야 한다는 신념을 반영해 질문을 제시했을 것이라고 추측됩니다. 하지만 '왜 그렇게 생각합니까?'라고 그냥 툭 질문한다고 하여 아이들의 사고를 이끌어낼 수 있는 것은 아닙니다. 문제 자체가 생각을 하지 않으면 안 되도록 정교하게 구성되어 제시된다면, 아이들은 생각하지 말라고 해도 생각할 수밖에 없습니다. 그렇게 문제를 기술하는 것이야말로 가르치는 사람의 의무인 것이죠.

교과서의 나눗셈 지도에서 가장 큰 문제는 등분을 먼저 제시하는 일반적인 관행입니다. 아이들이 나눗셈 개념을 정립할 때 걸림돌로 작용할 수 있기 때문입니다.

게다가 분배 상황이 나눗셈의 전부가 아님은 다음 예에서도 드러납니다.

$12 \div 0.25$ 또는 $12 \div \frac{1}{4}$과 같이 나누는수(제수)가 소수나 분수인 경우에는 분배 상황에 적용될 수 없습니다. 분배상황에서의 제수는 오직 자연수에만 유효하기 때문입니다. 12를 0.25명에게 또는 $\frac{1}{4}$명에게 나눠줄 수는 없으니까요.

결론적으로 나눗셈을 도입할 때는 분배 상황을 먼저 제시하는 것보다 묶음 상황을 제시하는 것이 바람직합니다. 묶음 상황을 나눗셈 개념의 확립을 위한 출발점으로 하자는 것입니다.

07

나눗셈 어떻게 가르쳐야 할까?

이제 메일을 보내온 선생님에게 답할 차례가 되었습니다. 나눗셈을 가르치기 위해 묶음 상황을 먼저 도입하는 방안을 다음에 제시한 예제에서 확인해봅시다.

문제 1 다음 식을 나타내세요.

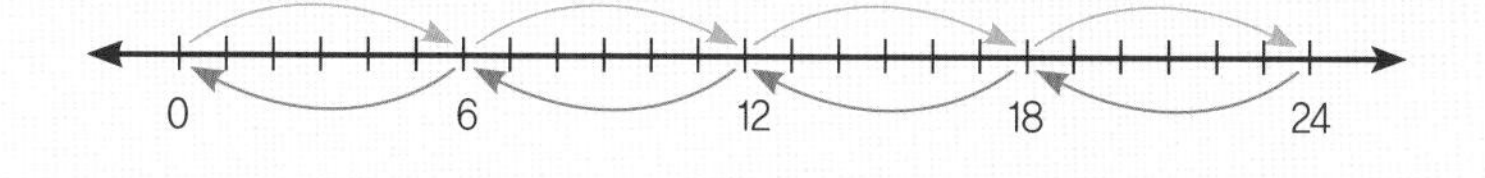

덧셈식: $6+6+6+6=24$ 곱셈식: $6\times4=24$

뺄셈식: $24-6-6-6-6=0$ 나눗셈식: $24\div6=4$

나눗셈 도입을 위하여 앞에서 이용했던 수직선 모델뿐만 아니라 지금까지 배운 연산, 즉 덧셈과 뺄셈 그리고 곱셈까지 총동원합니다. (문제 1)에서 수직선 위의 0에서 출발하여 오른쪽으로 6칸씩 4번 이동한 것을 덧셈 6+6+6+5=24로 표기하고, 이어서 이를 아이들 스스로 곱셈 6×4=24로 나타낼 수 있도록 합니다. 이번에는 24에서 거꾸로 세기를 합니다. 즉, 왼쪽으로 6칸씩 4번 이동하는 것을 24−6−6−6−6=0이라는 뺄셈으로 나타낼 수 있습니다. 그리고 나눗셈 기호인 ÷를 사용해 24÷6=4로 나타내도록 하여 나눗셈을 도입합니다. 이렇게 수직선 위에서 덧셈, 곱셈, 뺄셈과의 연계를 통한 나눗셈 도입을 충분히 연습한 후에는 다음 문제가 제시됩니다.

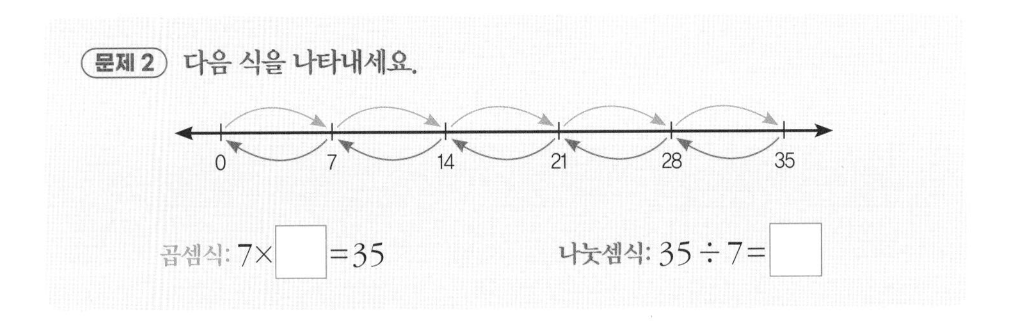

역시 수직선 모델을 이용합니다. 앞의 수직선과의 차이는 눈금이 없다는 것입니다. 그리고 덧셈과 뺄셈까지 번거롭게 나타낼 필요 없이 곱셈과 나눗셈만 표기하도록 합니다. 이를 통해 나눗셈이 곱셈의 역이라는 개념이 저절로 형성되며 동시에 나눗셈 계산을 곱셈에 의해 실행할 수 있다는 사실도 파악할 수 있습니다.

이와 유사한 활동을 충분히 연습하도록 하면서 점차 수직선 위에 0만 표시하고 아무런 숫자도 표기되어 있지 않은 수직선을 제시합니다. 이는 수직선 위에 나눗셈, 예를 들어 나눗셈 48÷8을 스스로 나타낼 수 있는 기회를 제공하려는 것입니다. 이런 형식의 문제들을 해결할 수 있다면 나눗셈 개념이 형성되었다고 볼 수 있습니다.

이제부터 본격적인 묶음 상황을 제시합니다. 이처럼 하나의 수학적 개념 형성을 위해 매우 천천히 점진적으로 나아가고 있는 것을 확인할 수 있겠죠?

문제 3 **18마리의 무당벌레를 3마리씩 묶는다면 몇 묶음이 될까요?**

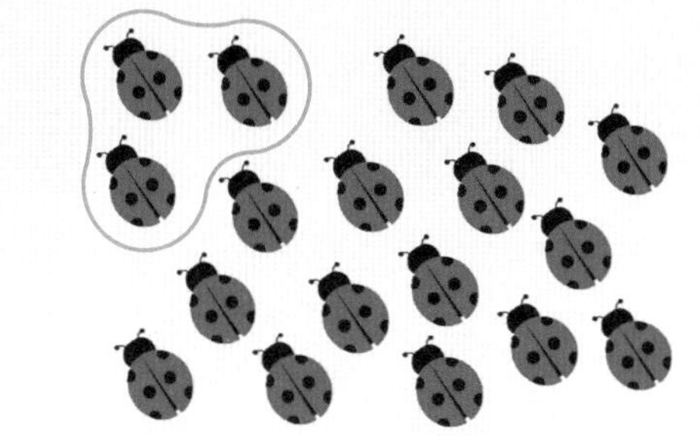

곱셈식: $3\times\square=18$

나눗셈식: $18\div3=\square$

이 문제도 단순해 보이지만 나눗셈 응용문제입니다. 이때는 삽화가 중요합니다. 직접 묶음을 실행할 수 있는 기회를 제공하여 나눗셈을 체험하도록 해야 합니다. 이 역시 충분히 연습할 기회를 제공합니다. 그리고 나서 다음 문제를 제시합니다.

문제 4 **다음 □ 안에 알맞은 수를 써넣으세요.**

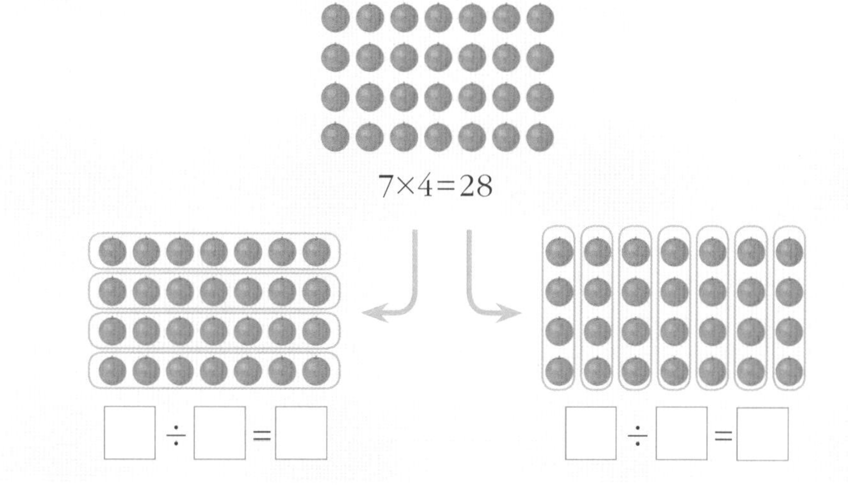

어떻게 묶을 것인가를 스스로 결정하며 제수에 주목하도록 하는 문제입니다. 문제를 제시하기 이전에 〈보기〉에서 묶음의 예시를 제공하면 아이도 곧 스스로 문제를 해결할 수 있습니다.

문제에서 직사각형 배열에 주목하세요. 이 문제들을 해결하는 과정에서 묶음 상황의 나눗셈 기호에 익숙해지고 그 개념도 충분히 형성될 수 있습니다. 아직 등분 상황의 나눗셈은 도입되지도 않았지만 여기까지의 내용을 지도하기 위해서는 적어도 두 세 시간이 필요합니다. 물론 아이들 개개인에 따라 다를 수 있으며 그 이상의 시간이 필요할 수도 있습니다.

이제 분배 상황의 나눗셈을 도입합니다. 이를 위해 다음과 같은 활동을 예로 들 수 있습니다.

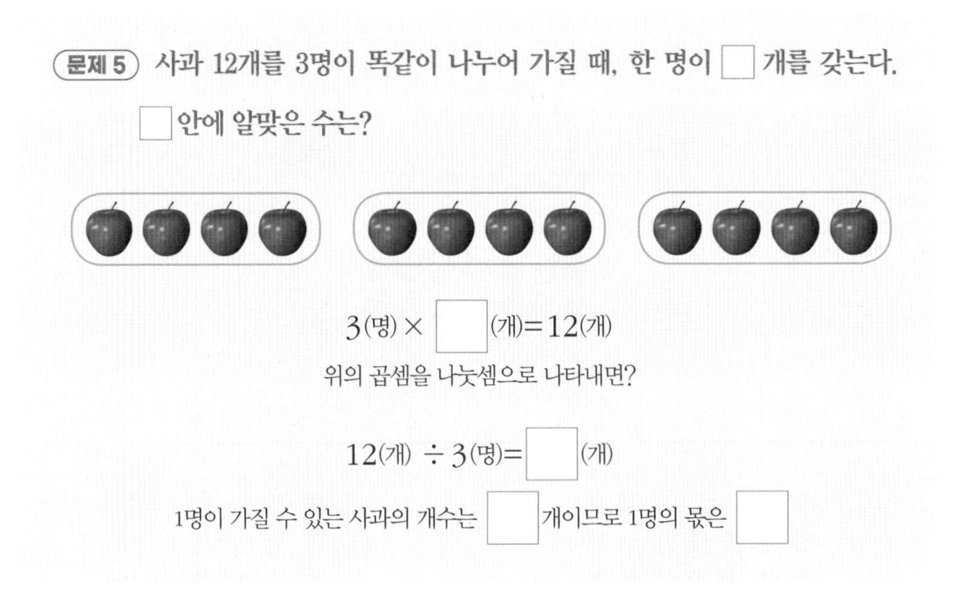
문제 5 사과 12개를 3명이 똑같이 나누어 가질 때, 한 명이 □ 개를 갖는다. □ 안에 알맞은 수는?

3(명) × □ (개)=12(개)

위의 곱셈을 나눗셈으로 나타내면?

12(개) ÷ 3(명)= □ (개)

1명이 가질 수 있는 사과의 개수는 □ 개이므로 1명의 몫은 □

단순히 나눗셈을 하는 것이 아니라, 곱셈으로부터 나눗셈이 유도되는 과정을 인지할 수 있는 기회를 제공하도록 문제를 구성합니다. "왜 그렇게 생각합니까?"라는 생경한 질문이 아니라 나눗셈에 이르는 점진적인 단계를 제시하여 생각할 수 있도록 한 것입니다. 그리고 중요한 것은 풀이의 마지막 문장입니다. 1명의 몫이 4개임을 반드시 밝히도록 하여 분배 상황에서의 나눗셈이라는 사실을 깨닫도록 합니다. 이런 상황의 문제를 충분히 연습하면 아이 스스로 풀이 과정을 만들 수 있으며, 의도한 대로 묶음 상황에 이어 분배 상황에 대한 나눗셈 개념을 확립할 수 있습니다. 이제 분배 상황의 나눗셈을 다음과 같은 문제를 통해 본격적으로 연습하여 나눗셈을 완성합니다.

문제 6 **바구니에 들어 있는 빵 32개를 봉지 4개에 똑같이 나누어 담을 때, 한 봉지에 들어갈 빵의 개수를 구하세요.**

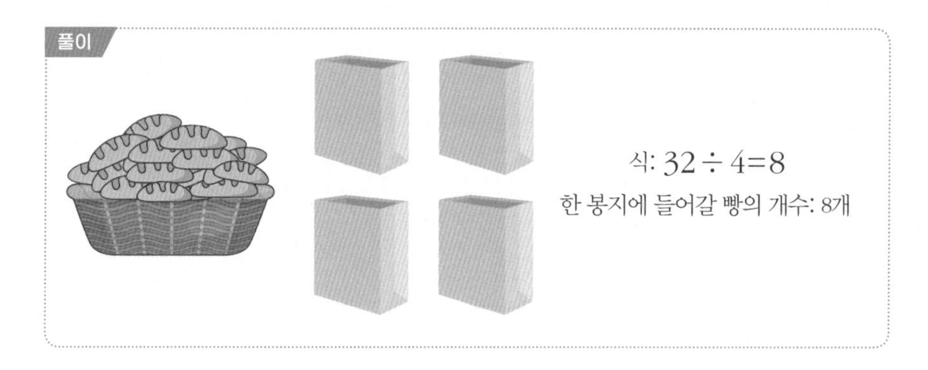

나눗셈, 공평한 분배의 첫 걸음

"초콜릿 12개를 3명의 친구들과 똑같이 나눠 먹으려 한다. 어떻게 나눠야 할까?"

나눗셈 12÷3이 적용되는 전형적인 나눗셈 문제입니다. 그런데 여기에는 다음과 같은 조건이 전제되어 있습니다. 나눗셈 대상인 12개의 초콜릿이 크기와 종류가 모두 같으며 세 사람에게 나누어줄 때 그 개수도 모두 같아야 하는데, 이를 한 마디로 '공평한 분배'라고 요약할 수 있습니다.

그런데 현실에서는 이러한 나눗셈의 조건이 충족되기 어려워 수학에서의 공평한 분배가 쉽지 않습니다. 초콜릿 종류도 다양하고 맛과 브랜드도 제각각입니다. 이런 상황에서 공평한 분배를 시도하려면 정말 복잡해집니다. 그럼에도 이는 인류가 반드시 해결해야 할 과제임에는 틀림없습니다.

그 때문인지는 몰라도 공평한 분배 문제는 이솝 우화에도 등장합니다.

> 사자와 여우와 당나귀가 동맹을 맺고 사냥을 나가 많은 먹잇감을 포획했다. 숲에서 돌아와 사자가 당나귀에게 각자의 몫을 나눠보라고 했다. 당나귀는 주의 깊게 세 등분으로 나눈 다음 다른 두 동물에게 먼저 고르라고 말했다. 그러자 사자가 크게 포효하며 역정을 내더니 당나귀에게 달려들어 냉큼 잡아먹었다. 그런 다음 사자는 아무 일 없었다는 듯 여우에게 나눠보라고 했다. 여우는 잡은 사냥감을 몽땅 한쪽에 수북이 쌓은 다음 사자 몫이라 말하고, 자기 몫은 한입거리 만큼만 남겼다. 이를 본 사자가 무척 기특해하며 말했다.
>
> "내 훌륭한 친구여, 이토록 잘 나누는 법을 누가 네게 가르치더냐? 이건 정말이지 완벽한 분배야."
>
> 여우가 대꾸했다.
>
> "방금 죽은 당나귀에게서 배웠죠."

이처럼 동물의 세계는 양육강식의 논리(이를 과연 논리라 할 수 있을지는 모르겠지만)에 의해 지배됩니다. 그래서 '공평한 분배'의 추구는 사회적 동물이라는 인간이 동물의 수준에서 벗어나 인간 스스로의 자존심을 지키려는 하나의 몸부림일 수도 있습니다. 사실 공평한 분배를 둘러싼 갈등과 이를 합리적으로 해결하고자 하는 시도는 인류 문명의 태생과 함께 시작되었다고 해도 과언이 아닙니다.

구약성서 『열왕기상』 3장 16~28절에도 유명한 분배 문제가 기술되어 있습니다.

성서에 따르면, 같은 집에 살던 두 여인이 살아 있는 아이와 죽은 아이를 솔로몬에게 데리고 와서 서로 살아 있는 아이가 자기 아이라고 주장합니다. 솔로몬은 곁에 있던 신하에게 칼을 빼들라고 하며 "아이를 둘로 나누어 반쪽은 이 여자에게 또 반쪽은 저 여자에게 주라"고 명령합니다. 이때 한 여인이 나서며, 자신이 양보할 터이니 아이를 죽이지 말라고 간청합니다. 이 여인을 친어머니로 판단한 솔로몬은 아이를 친어머니의 품으로 돌려주었다고 합니다.

솔로몬의 지혜로운 판결은 공평한 분배 문제를 수학적으로 해결하기 위한 하나의 단서를 제공합니다. 주어진 대상을 그냥 똑같이 나누는 것만이 공평한 분배라고 할 수 없다는 것이죠. 분배에 참여한 주체들이 적어도 자신의 몫을 가질 수 있다고 각자 만족할 수 있다면 공평한 분배가 이루어질 수 있다는 것입니다.

하지만 현실적으로는 좀처럼 원만한 해결이 이루어지지 않기에 갈등과 다툼은 끊임없이 발생합니다.

17세기 프랑스 바로크 미술의 대표적인 화가 푸생의 「솔로몬의 재판」

어쩌면 그 자체가 인간의 삶이자 인류의 역사일지도 모릅니다. 분배 문제는 이혼 소송에서의 재산 분배와 같은 개인사로부터 국가들 사이의 국제 문제까지 다양하게 발생합니다. 1995년 보스니아 내전 결과에 따른 영토 분할도, 1994년의 환경공해 해결을 위한 비용 분담 문제도, 끊임없이 제기되는 공해상의 영유권 문제를 해결하기 위해 1982년 체결된 해양법에 관한 국제 협약도 국가들 사이의 공평한 분배를 위한 국제 문제입니다. 이 책의 범위를 벗어나지만 나라들 사이의 분배 문제를 둘러싼 갈등을 해결하는 데에도 수학이 응용됩니다.

초등학교 수학의 나눗셈과 분수 단원은 분배 문제를 수학적으로 해결할 수 있는 가장 초보적인 방안을 다룹니다. 물론 이 경우 앞에서도 언급했듯이 분배되는 대상이 모두 균일하다는 전제가 필요합니다. 그래서 초등학교 수학 교과서의 나눗셈 단원과 분수 단원의 삽화들은 색깔과 크기가 모두 같은 연필이나 사과, 어느 한 부분이 더 많이 부풀어 있지 않은 원 모양의 피자나 균일한 원기둥 모양의 케이크 등을 소재로 합니다. 뿐만 아니라 이때의 분배는 나눠지는 몫의 양이 똑같아야 합니다. 이는 나눠진 몫의 질에는 관심을 두지 않는다는 뜻인데, 수학적으로 그렇다는 것입니다. 이어지는 2권에서 분수에 대하여 자세히 살펴봅시다.

★ 에필로그 ★

유클리드의 건축술과 느린 수학

기원전 3세기경, 고대 그리스의 유클리드는 『원론』이라는 수학책을 세상에 내놓았습니다. 유럽에서 인쇄술이 발명된 15세기 이후에만 1,000쇄 이상 인쇄되어 성경 다음의 베스트셀러로 꼽힌다니 모든 출판인들의 꿈을 실현한 책임에 틀림없습니다.

오늘날의 수학 교과서, 특히 기하학 교과서는 『원론』의 개정판이라고 주장하는 사람도 있는데, 유클리드의 독특한 편집 방식을 따라 기술되었기 때문입니다. 실제로 수학의 역사에서 『원론』의 중요성은 그 안에 담긴 내용보다, 이를 담은 '방법론'에서 찾을 수 있습니다.

이미 유클리드 이전 시대부터 '피타고라스 정리'와 같은 도형의 성질이나, '소수의 개수는 무한이다' 등의 자연수의 성질들은 널리 알려져 있었습니다. 이외에도

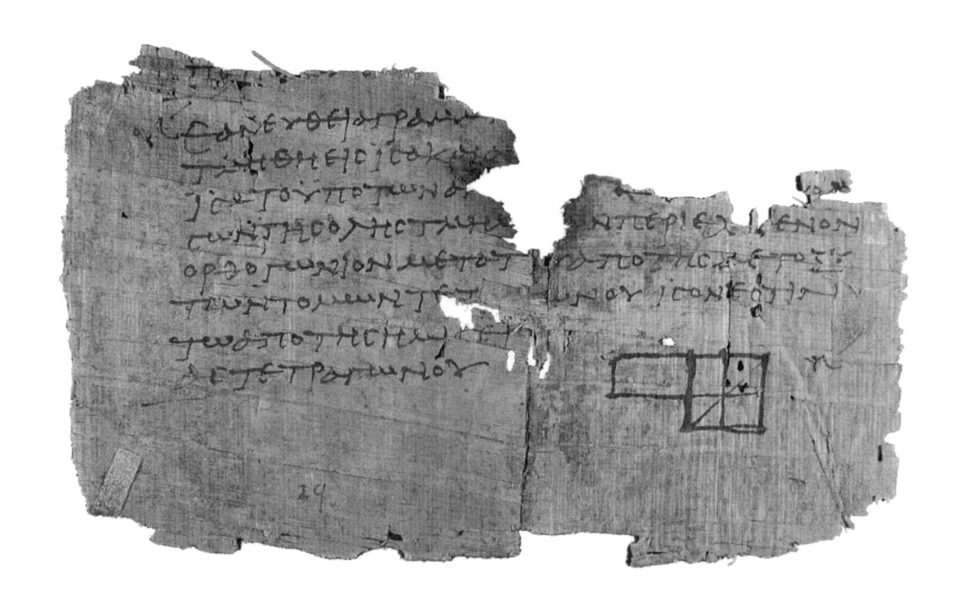

『원론』에는 원의 넓이와 각뿔, 각기둥, 원뿔, 원기둥의 부피를 구하는 문제를 비롯해 마지막 권에서 증명하고 있는 '정다면체는 오직 다섯 종류뿐이다'라는 명제에 이르기까지 당대의 수학적 지식들이 총망라되어 있습니다.

『원론』이 이러한 수학적 사실들을 단순히 나열하는 데 그쳤다면, 2,300년이 지난 오늘날까지 주목받을 수는 없었을 겁니다. 유클리드의 위대함은 이들 수학적 명제들을 독특한 방식으로 담았다는 데 있습니다.

유클리드는 공리라 부르는 다섯 개의 문장으로부터 모든 수학적 명제들을 추론할 수 있도록 『원론』을 구성했습니다. 공리 가운데 하나를 예로 들면 '한 점에서 다른 한 점으로 단 하나의 직선을 그을 수 있다'와 같이 누구나 쉽게 받아들일 수 있는 사실입니다. 즉, 피타고라스의 정리에서 정다면체의 성질에 이르는 수학적 명제를 이 단순하고 자명한 다섯 개의 공리로부터 추론할 수 있도록 구성했다는 점에서 그의 천재성이 돋보이고, 『원론』 역시 어떤 가치도 매길 수 없는 중대한 의미를 가지는 것입니다.

당대의 거의 모든 수학적 지식이 총망라된 『원론』을 대성당과 같은 거대한 건축물에 비유한다면, 유클리드는 천재적인 건축술을 가진 위대한 건축가라 할 수 있습니다. 그의 천재성은 아무 곳에서나 발견할 수 있는 단 다섯 개의 주춧돌만을 사용해 거대한 대성당이 2300년 동안 지탱할 수 있도록 건축했다는 점입니다. 오로지 자신만의 탁월한 안목으로 선택된 다섯 개의 평범한 주춧돌 덕택에 대성당을 이루는 수많은 벽돌이 견고하게 자리 잡을 수 있었습니다. 더구나 그 하나하나의 벽돌들이 '강철 같은 논리'라는 접착제로 어떤 틈도 보이지 않게끔 밀착되어 있다는 점도 그저 놀라울 따름입니다.

이처럼 『원론』이라는 대성당이 견고하게 완성될 수 있었던 것은 그의 훌륭한 건축술 덕분이었습니다. 노벨 물리학상 수상자 아인슈타인은 "젊은 시절 유클리드의 『원론』을 읽고 황홀한 전율을 느끼지 못하면 학문을 할 자격이 없다"고 극찬했던 것도 이 때문이었습니다.

유클리드에 관한 유명한 일화를 소개합니다.

유클리드가 "이등변삼각형의 두 밑각이 같다"에 대한 증명을 보여줄 때 제자들 가운데 하나가 손을 들어 질문했다.

"선생님, 그걸 배워서 도대체 무엇을 얻을 수 있나요?"

그러자 유클리드가 벌컥 화를 내며 하인을 불러 지시했다.

"저 친구에게 동전 한 닢을 주어라. 저놈은 자기가 배운 것에서 반드시 무엇인가를 얻어야 하니까."

그리고는 질문한 제자를 쫓아버리고 다시는 학교 근처에 얼씬도 하지 못하게 했다.

수학을 좀 한다는 사람들에게는 잘 알려진 일화입니다. 이를 인용하는 사람들은 대부분 유클리드의 편에서 그의 입장을 옹호합니다. 그럼으로써 수학이란 속세의 활동과는 거리가 멀고, 그래서 아무나 범접할 수 없는 매우 순수하고 고상한 지적인 학문이라는 사실을 은근히 내비치려는 의도가 담겨 있습니다.

그런데 이 일화를 당돌한 질문을 던진 제자의 입장에서 다시 생각해봅시다. 그가 감히 유클리드에게 이런 질문을 던진 까닭이 무엇인지 생각해보자는 겁니다.

유클리드가 증명해 보이는 "이등변삼각형의 두 밑각이 같다"는 명제는 유클리드 기하학이라는 대성당 귀퉁이에 박혀 있는 하나의 벽돌에 불과합니다. 사실 학교에서 배우는 수학은 대성당 건물 어딘가에 채워진 벽돌들이며, 학교에서의 수학을 배운다는 것은 이들 벽돌 하나하나를 만드는 것이라 할 수 있습니다.

그런데 대성당의 어디에 쓰일지도 모른 채 그냥 벽돌 하나씩을 만들고만 있다면 정말 지루하기 짝이 없는 작업이 아닐까요. 그렇다고 그 작업이 쉽지도 않습니다. 그러고 보면 제자가 비록 당돌한 질문을 던졌지만 그의 용기는 가상하다고 할 수 있습니다. 어쩌면 그 제자는 자신의 질문에 대해 납득할 만한 답을 얻을 수 있다면, 즉 자신이 만드는 벽돌이 어디에 어떻게 활용되는가를 알 수 있다면 애정을 갖고 작업에 몰두하겠다는 의지를 내보인 것일 수도 있습니다.

아인슈타인이 『원론』을 읽고 전율을 느낄 수 있었던 것은 그가 보통 사람들과는 다른 천재여서 그런 것도 있지만, 자신이 탐구하는 물리학과 관련 있었기 때문이었습니다. 위 일화에서 자신이 들이는 노력과 시간에 대한 의미와 가치를 확인하고자 하는, 제자가 보인 삶의 태도는 지극히 당연하고 자연스러운 것입니다.

한편, 제자의 당돌한 질문에 대해 유클리드가 보인 예민한 반응도 나름 이해할 수 있습니다. 이제 막 벽돌 하나 만들기를 배우는 제자에게 대성당의 설계도를 보여주며 친절하게 설명할 수도 없으니 답답한 마음에 신경질적인 반응을 보인 것이니까요. 보이지 않는 주춧돌을 왜 선택했는지, 그것이 지금 만드는 벽돌과 어떤 관계가 있는지 설명하려 해도 제자가 이해할 수 없다는 사실을 너무나 잘 알고 있었습니다. "하다 보면 알 수 있는 날이 온단다"라고 답하는 것이 그나마 가장 친절한 답일지도 모릅니다. 그러니 야멸차게 보이는 유클리드의 반응도 십분 이해할 수 있습니다.

사실 초등수학에서 유클리드의 건축술을 체험할 수 있는 기회는 전혀 주어지지 않습니다. 중등수학에서는 '증명'이라는 것을 배웁니다. 하지만 이마저도 기껏해야 대성당의 한 귀퉁이를 장식하는 벽돌 하나를 쌓고 그 위에 또 하나의 벽돌을 쌓는 것에 불과하며, 전체 대성당의 윤곽을 살펴보기란 거의 불가능합니다. 이 때문에 유클리드 제자는 자신의 하소연을 질문 형식으로 털어놓은 것이고, 이에 대하여 유클리드는 마땅한 답을 제시할 수 없었던 나머지 그만 화를 내고 말았습니다.

유클리드의 일화에서 그 옛날 수학을 배우며 끙끙대던 우리 자신이 떠오릅니다. 답답함과 무기력감을 호소하는 제자의 모습이 당시 우리 모습과 그리 다르지 않습니다. 그래도 지금쯤은 훨씬 편안하게 유클리드와 제자의 대화를 바라볼 수 있을 겁니다. 무언가에 쫓기듯 허겁지겁 만들었던 그때의 벽돌 하나가 대성당의 어느 곳에 위치하는지, 그래서 어떤 역할을 하게 되었는지 조금은 알 듯 하니까요.

자그마한 손으로 연필을 꾹꾹 눌러가며 그렸던 아라비아 숫자 1, 2, 3, …, 9, 0은 개수를 나타내는 위한 표기였지만, 이에 그치지 않았습니다. '檀紀四千二百九十四年五月十六日'과 같은 날짜를 표기하는 데 사용될 뿐 아니라, 숫자를 수직선 위에 나타냄으로써 무한대로 뻗어가는 자연수라는 추상적 개념이 자리 잡을 수 있게 도움을 줍니다.

더 나아가 이 책에서 다루지는 않았지만, 아라비아 숫자는 −1, −2, −3, …과 같이 결코 자연스럽지 않은 음의 정수의 표기에도 사용됩니다. 또한 '절반' 또는 '반의반'과 같이 1보다 작은 양을 나타내기 위해 $\frac{1}{2}$과 $\frac{1}{4}$ 등의 분수 표기는 물론 $\sqrt{2}$, $\sqrt{3}$,… 같은 무리수들을 나타내는 기호에도 사용됩니다.

아라비아 숫자를 익히면 곧 이어 덧셈이라는 연산을 만납니다. 개수 세기에서 또 하나의 덧셈 벽돌을 만들고, 이어서 '+' 기호를 만들자마자 또 다른 새로운 벽돌을 계속 쌓아가게 됩니다. 수의 범위가 확장되면서 $(-1)+(+3)$과 같은 정수 덧셈은 물론 $\frac{1}{2}+\frac{1}{4}$ 또는 $\sqrt{2}+\sqrt{3}$과 같은 실수의 덧셈에도 '+' 기호가 적용되는데, 처음에 배웠던 덧셈의 의미와는 달라질 수밖에 없습니다.

이렇게 하나하나의 벽돌을 쌓아 모든 실수에 적용되는 덧셈이라는 방을 만들고 나니까 뺄셈이라는 새로운 방을 만들게 되었습니다. 그렇게 곱셈 방, 나눗셈 방을 차례로 만들어 나갔고, 수의 범위가 확장되면서 조금씩 다른 의미가 부여되었습니다. 결국 그때 우리가 만들었던 하나하나의 벽돌은 거대한 대성당을 쌓아올리기 위한 것이었습니다!

이 책의 마지막 장을 읽으며 예전에 다녀왔던 추억의 장소를 다시 여행하고 돌아오는 느낌이었나요? 아마 그때는 여느 패키지 투어처럼 관광버스를 타고 가이드를 따라다니느라 못 보고 지나쳤던 곳이 많았을 겁니다. 이번 여행에서는 그렇게 빨리 지나쳤던 곳들 사이에 숨겨 있던 비밀 장소도 발견하고, 혼자 느릿느릿 걸어 다니며 깊은 생각에 잠기기도 했으리라, 그래서 진짜 수학의 모습을 제대로 볼 수 있었던 기회가 되었으리라 기대해 봅니다.

이어지는 『분수의 세계』와 『도형의 세계』에서 느린 수학으로 다시 만납시다.

이미지 저작권

15p 두바이 국제공항터미널 tupungato ⓒ 123RF.com

17p 볼테르 Georgios Kollidas ⓒ 123RF.com

19p 이집트의 숫자 상형문자 by JOC/EFR, Wikipedia

19p 메소포타미아 숫자 by Josell7, Wikipedia commons

20p 아라비아 숫자의 번천 Madden, Wikipedia commons

33p 아리스토텔레스 English Wikipedia, , Wikipedia commons

34p 고대 로마 시대와 중국의 아바쿠스 By Mike Cowlishaw, Wikipedia commons

35p 아바시스트를 그린 작품 By by Köbel and Böschenteyn, Wikipedia commons

37p 『마르가리타 필로소피카』에 수록된 목판화 by Gregor Reisch, Wikipedia commons

61p 에우메네스 류(Genus Eumenes)의 말벌 © entomart, Wikipedia common

76p 이샹고의 뼈 By Matematicamente.it, Wikipedia common

77p 게오르그 칸토르 by Photocolorization, Wikipedia commons

100p 피타고라스 by Franchino Gaffurio, Wikipedia commons

101p 연잎성게 by Edward babinski at English Wikipedia, Wikipedia commons

102p 파치올리 by Jacopo dei Barbari, Wikipedia commons

205p 솔로몬의 재판 by Nicolas Poussin, Wikipedia commons

208p 원론 by Euclid, Wikipedia commons

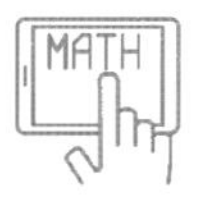

무엇이든 물어보세요!

박영훈 선생님께 질문이 있다면 메일을 보내주세요.

slowmathpark@gmail.com

박영훈의 느린수학 시리즈 출간 소식이 궁금하다면,
slowmathpark@gmail.com로
이름/연락처를 보내주세요.

연락처를 보내주신 분들은 문자 또는 SNS,
이메일을 통한 소식받기에 동의한 것으로 간주하며,
<박영훈의 느린 수학>의 새로운 소식을 보내드립니다!

◇ 당신은 언제나 옳습니다. 그대의 삶을 응원합니다. – 라의눈출판그룹

당신이 잘 안다고 착각하는

허 찌르는 수학 이야기

초판 1쇄 | 2021년 2월 25일
2쇄 | 2021년 5월 10일

지은이 | 박영훈
펴낸이 | 설응도 편집주간 | 안은주
영업책임 | 민경업 디자인 | 박성진 삽화 | 조규상

펴낸곳 | 라의눈

출판등록 | 2014년 1월 13일(제2019-000228호)
주소 | 서울시 강남구 테헤란로78길 14-12(대치동) 동영빌딩 4층
전화 | 02-466-1283 팩스 | 02-466-1301

문의(e-mail) 편집 | editor@eyeofra.co.kr
영업마케팅 | marketing@eyeofra.co.kr
경영지원 | management@eyeofra.co.kr

ISBN 979-11-88726-76-9 04410
ISBN 979-11-88726-75-2 04410(세트)